你自以为的
极限，
只是别人的
起点

Break Out

特立独行的猫

著

版 武汉出版社

图书在版编目（ＣＩＰ）数据

你自以为的极限，只是别人的起点 / 特立独行的猫著 . — 武汉 : 武汉出版社 , 2017.4（2018.4重印）

ISBN 978-7-5582-1375-5

Ⅰ . ①你… Ⅱ . ①特… Ⅲ . ①成功心理—通俗读物 Ⅳ . ① B848.4-49

中国版本图书馆 CIP 数据核字 (2017) 第 074201 号

上架建议：心理学·励志

著　　者：特立独行的猫
责任编辑：雷方家
出　　版：武汉出版社
社　　址：武汉市江汉区新华路 490 号　邮　编：430015
电　　话：（027）85606403　85600625
http : // www. whchs.com　E-mail : zbs@whchs.com
印　　刷：天津盛辉印刷有限公司
发　　行：北京天雪文化有限公司　电　话：（010）56015060
经　　销：新华书店
开　　本：880 mm × 1230 mm　1/32
印　　张：8　字　数：230 千字
版　　次：2017 年 5 月第 1 版　2018 年 4 月第 2 次印刷
定　　价：39.80 元

自 序
不要给自己设限，
你的潜力还远远没爆发出来

有次跟我妈出门，路过十年前实习和工作第一年时住过的小区。按捺不住好奇的心情，十年之后，我又走了进去。

小区还是以前的样子，只是水泥路重新铺了一下，砖楼重新粉刷了一遍，显得旧貌换新颜。我曾经住在这个小区最矮的四层塔楼（建筑的一种，一般是高层建筑）里，房东将房子改得像筒子楼（面积狭小，卫生间和厕所都是公用的房子）——四家人公用一个卫生间，三家人公用一个厨房。最初的那间是 6 平方米，月租 800 元，后来换到了隔壁，15 平方米，月租 1000 元。我甚至有些期待，那个总想给我介绍男朋友的房东老太太在不在，她是否还记得我？十年了，她还记得每次来收房租，都给我送燕麦片的事情吗？

很遗憾，我住的房间的门，像十年前一样紧锁着。门口公用的厨房里已经蒙上了很厚的一层灰，不再能做饭；卫生间看起来还能洗澡，但散发着公共厕所特有的巨大味道。我不记得十年前我在的时候是不是也这样，也或许，我忘了吧。

我在门口站了一会儿，想了想十年前，我每天都要回到这里，这个现在看起来都不知道当初怎么住得下去的地方，我住过两年。当时我卧室的隔壁住的是一位男生。他的大门经常敞开着，有一天男生的爸爸打电话给他，他正在吃饭就打开了免提。我因为在打扫房间，房门也开着，于是很清楚地听见他爸爸在电话那头惊诧地说："什么？房租1000块钱一个月？你住这么贵的地方，你知道我跟你妈一个月都花不了1000块！"

是的，在老家，我跟我妈两个人吃饭，一个月都花不了1000块钱；但在北京，那个地段的房子，1000块钱的房租是最便宜的。我们租住的那栋楼，甚至是北京市内都很难再找到的最破的楼——这就是实现梦想的最初成本，很现实，也很贵。而现在就更贵了，同样的地段，2000块钱的单间都属于便宜的了。

那时年少轻狂，一点都不觉得苦，反而觉得很开心。在这么大的北京，自己能有一个小蜗居，每天能安心地睡上一觉，还能洗澡、洗衣服，就是很开心的事儿了，哪管下水道经常会堵，厨房小得只有两平方米转不开身！

十年，弹指一挥间。曾经惶恐不安地不知道未来的自己会变成什么样，现在已长出好多根白头发了。从未想过结婚生子的自己，也已经有了两个孩子在身边叫妈妈。开始关心保险和学校，开始想是不是应该学别人再买一套房，开始学会察言观色，对着自己讨厌的东西说一句："谢谢，我好喜欢。"

　　人们回忆过去的时候，总爱想起最惨的那段时光，可能因为这样能让现在不够优秀的自己，还有些许的安慰。

　　我记得2008年北京奥运会的时候我妈来看我，我们一个睡在床上，一个睡在地上。我妈发愁地说："你在北京就过这样的日子，什么时候是个头呢？"

　　我倒是没觉得怎么样。只是盘算着，每个月存3000块钱，一年就是36000块钱，用不了几年，我就能有买房子的首付了。但我完全没想到，房价上涨的速度比我攒钱的速度要快得多。

　　三年后，我真的买了房。那笔钱里有工资，有兼职的钱，有出书的版税，有电影的版权费。虽然那时候书卖得很一般，版税很低；电影导演很穷，只能给我一点点钱和一堆礼物。但每一笔钱加起来，5万5万地攒起来，就够了最低最低的首付。

其实，这所小房子是给我妈的，我想告诉她：你看，我不会让你跟我永远住在那样的房子里，我们的生活，还是会有希望的，虽然我有上百万的房贷在身。

我认识我先生的时候，我们已经独自奋斗了几年。因为先生比我大几岁，所以我至今搞不清楚他奋斗的一些历程。我只记得他跟我说，他在毕业的时候租住在城中村里，爱干净的他，租到房子第一件事就是重新粉刷墙壁、买墙纸、买二手家具，把房间布置得温馨整洁。以至于他要离开的时候，房东都主动降低价格希望他继续住下去。

那些年他上班，每天单程要两小时，倒三次公交车。遇到大雪的时候，整个人都要等得冻僵了。他刚开始工作的时候，不会写新闻稿，就把客户的所有新闻稿和网站中文内容都背下来，每天工作十几个小时，以至于有次胃出血晕倒在家里。

十年，往昔一幕幕，很快从眼前闪过。那些奋斗的和煎熬的痛苦时刻，我们都以为快要支撑不下去了，我们都以为到达了自己的极限。可回过头来看，才知道自己仅仅是感动了自己而已。我们距离自己的极限还很远，但却总觉得自己已经付出全力，只有见过了更多优秀的人才知道，我们以为的极限，只是别人的起点。或许，他们也曾和我们一样迷茫和彷徨，但那些我们所不曾见过的令人发指的努力，将他们带到了我们可望而不可求的地方。

人生就是一个怪一个怪打过来的过程，永远都艰难，永远都有新的挑战。但每一个新的挑战之后，我们才能得到新的历练和升华。

快出小区大门的时候，我妈指着一个水果摊说："你还记得那个水果摊吗？以前来这里买过水果。那个卖饼的，我们去看 2008 年奥运会的时候，还从他那里买了三个带着，怕看奥运会一整天没吃的。"

我都不记得了，我向来记忆力特别差。可我记得，我在北京独自的奋斗，就是从这里开始的。

曾跟老公在一家店里吃麻辣烫，店内干净、卫生、整洁。老公跟我说，他还记得我们有一年冬天在路边的小摊上吃麻辣烫的场景，摊主搭着大棚，锅里冒着白气，我们把自己爱吃的一串串从锅里挑出来，把小棒放在旁边。那是我们恋爱时候经常去的地方，虽然后来再也没有吃过了，但那却是我们心目中最温暖的时光。

站在现在往后看，未来的十年会是怎样的呢，我不知道，我连明天会怎样都还不知道呢。但我相信，只要一直努力，总会越来越好。

有时候看着孩子在家里天真无邪地玩闹，我总会想，他们是否知道，他们的爸爸妈妈正在努力地让他们过得更好，就像我们的爸妈那样。一代代相传的力量，熬过一段段十年的时光。

十年前，我完全想不到十年后我会结婚、生子、写作，过着喜欢的生活。只要努力，每个人的未来，都会越来越好，好到你从未想象过。

目 录　C O N T E N T S

001　第一章
没有行动的梦想，永远难以实现

我相信你有很棒的梦想，我也相信你有能力实现它。没有行动的梦想，永远只是空想。我希望每天叫醒你起床的不是闹钟，而是你心中的那片渴望。

目 录 C O N T E N T S

061 第二章
相信自己，你的潜力远大于当下

人的潜力是无穷的，不要给自己的人生设限。你的潜力，要远大于你当下所取得的成绩。想办法挖掘你的潜力吧，你将来的成就，会让现在的你震惊。

目 录 CONTENTS

129 第三章
要有效努力，不要看起来很努力

任何辉煌成就的取得，都离不开非凡的努力。你要做的是有效努力，而不是看起来很努力。无效的努力，只会耗费你的青春，消磨你的意志，让你无所作为。

目 录 C O N T E N T S

185 第四章
学习，是件让你受用无穷的事儿

浩大的世界，充满着竞争。你要想过得越来越好，就需要你的能力来支撑。提升能力的途径，唯有学习。学习，无论何时都是一件让你受用无穷的事儿。

第一章
没有行动的梦想，
永远难以实现

我相信你有很棒的梦想，
我也相信你有能力实现它。
没有行动的梦想，
永远只是空想。
我希望每天叫醒你起床的不是闹钟，
而是你心中的那片渴望。

●你同学都身价上亿了，你还在纠结早晨几点能起床？

••自己觉得特别遥远的事儿，都被别人实现了！

有位朋友曾跟我发信息说："我同学都当了高管，我还在找工作。"

看到这句话的时候心里一惊，我同学有的都成了钢琴家，有的都已身价上亿，我还在战胜拖延症这件事上下不了决心。

我那个音乐家同学啊，从小弹钢琴。高中时候，我们上文化课，她去练琴；我们上大学，她考上了某个大学的艺术学院；我们开始工作，她去了国外继续学钢琴。这么多年过去，我们眼睁睁地看着她全世界开钢琴音乐会，再见面的时候，她已是音乐家，有同样才华出众的老公。当时，她正跟她老公一起环游世界。

当年我们都觉得，艺术生能有多大出息啊，大部分艺术生毕业后都是当老师，能当钢琴家教收入已算很顶天，却不想艺术生的人生还有一个方向——钢琴家。

自己觉得特别遥远的事儿，都被别人实现了。

刚毕业的时候，大家都喜欢攀比，你去了国企，他去了民企，每个人都装×，被大公司录用的更是仿佛走上了金光大道。现在回想起来，都为自己当时的幼稚感到不好意思。当年觉得公司牛×就好像自己很牛×，其实完全是两码事儿。过不了多久一入职，忙得昏天暗地的时候才明白，自己只不过是这金光闪耀的大公司光芒里的一只萤火虫，光亮微弱，哪怕没有自己也可以。

毕业时，人人都讲职业规划，但其实只是想规划求职这一件事。很多人想着三年后就申请 MBA 出国读书，但三年后还能单纯地努力工作不抱怨的都少之又少。好多人都忘了自己毕业时的规划和梦想，而如今最大的梦想变成了早点下班不加班。

··你至于那么认真吗？至于！

刚毕业的时候，喜欢四处参加活动到处混，认识很多人，就觉得自己特牛×。走到哪里都装模作样地谈一谈，总怕自己被别人忽视。总想成为宣讲会上那种金光闪闪的大人物，但走向大人物的道路时却总想偷懒。

有位同事，年龄比我们都小点，家庭背景一般，但个人特努力，做什么都特别认真。我们嬉笑打闹地加班、吃东西，以为回家越晚表示自己越努力，只有他从不参与我们，对工作的每个细节都锱铢必较，总把自己搞得回不了家。

我们开玩笑地问他："你那么认真，至于吗？"

"至于，我不懂啊！"他总是这样回答我们。

新媒体刚开始进入人们视线的时候，他研究 H5（即 HTML5.0，指第 5 代 HTML，也指用 H5 语言制作的一切数字产品），成了公司唯一一个自己会做 H5 的人。微博刚兴起的时候，他又是公司里第一个自己学会做各种好玩有趣的应用的人。那时候我们都觉得，这是傻吧，明明每次客户要求做的这些，都是可以直接外包的，干吗自己费力研究？我们又不是做这个的。

后来他离职开了自己的公司做新媒体。我们都觉得好扯，呵呵，离开公司这棵大树，自己在商海沉浮不得被淹死？

再见面的时候，他已经第二次创业，融资了一个亿。

当年那个小小青年，现在还是会憨憨地笑，总说："我不懂啊，XXX 你能不能给我讲讲，你们是怎么做的？"

••要么改变世界，要么被世界改变！

人人都说不喜欢参加过年时候的同学聚会，其实是因为自己混得太差。表面上说自己不喜欢同学会上别人的炫耀，但倘若自己混得牛 × 得不行，倒巴不得自己亲自组织同学会。

同样是一个班的同学，十年之后，有人都已身价上亿，有人还连上班不迟到都做不到。

我们总觉得人混在社会上的差距，是因为爹造成的，而这让我们从进入社会第一天就开始彼此拉开距离。有人有抱负也有坚持，有人有理想但总想着明天再干。时间久了每个人的视野和格局，都慢慢发生了变化。

视野这东西很神奇，越撑越大，跟欲望一样，但如果不搭理它也会越缩越小，小到眼睛里连颗沙子都容不下。提到当年傻愣愣现在飞黄腾达的同桌，心里只有一句："切，当年数学都及格不了，他能当总裁我才不信呢！"

人们都喜欢用静止的眼光看别人，其实是因为静止不动的是你自己。

人们都接受不了别人越变越好，总觉得别人"变了"，其实一直不变才是最可怕的。

你自以为的极限，只是别人的起点

我们在社会的大锅炉里沉浮，跌跌宕宕，总想着有人能拉自己一把。我们每天都看各种励志语录，希望自己能有保持振奋的神药。

其实，励志故事的内容无非那么几项——坚强，勇敢，坚持，勤奋，逆境出人才，等等。**我们缺少的，并不是别人的成功要领，而是对自己的改变：戒掉拖延症，克服懒惰、对自己的无限宽容与高度自信。**

我曾写过一篇关于十年的总结文章，一位同事回复说："十年前，我能徒手制图，口算公式，分分钟制造出自动机械，是个长发与白衣齐飘的少年；十年后，写字要查手机，买菜算账要掰手，靠胡喷些我也不懂的东西挣钱。"

你看，十年前，我们都喊叫着要改变世界；十年后，我们却被世界所改变。

●大多数人的一生，都败给了一个字

有一年大年三十，阿何老师跟我说："我过年不休息，准备再做两个课程出来。"

我觉得他是疯了。

我和阿何老师已认识很长时间。我在他的平台做写作方面的分享，他正好来北京约我吃饭。那时候我刚怀上孩子，因强烈的孕吐暴瘦十斤，没力气出门，于是回绝了他。那时候我只是肤浅地知道，他做了一个公众号，有百万的关注量；他写了本关于PPT的书，编辑是我的朋友；他是清华大学毕业的。但我一直很奇怪，清华大学毕业应该是顺风顺水地找到一份好工作，并且步步高升地做下去，可他却跑来做公众号，还从零做起，图什么呢？

有段时间我买了很多阿何老师开发的学习课程，聊得多了熟络起来我才知道，阿何老师不止我想得那么简单。他出身贫寒，即使考上了清华大学也发现自己弱爆了，于是用半年时间研究学习方法，一举改头换面成为清华学霸。他毕业后就去了国企，做了一段时间觉得这份工作不是自己想要的，于是去了金融行业做销售。做了一段时间他放弃了几十万年薪，自己创业，现在开始研究公众号。这是他的第三次创业，收入我不知道，但他偶尔随便说的一个数字，都能燃起我的熊熊"仇富"之心。

年后有天晚上，我跟他请教一个问题，顺便问他：为什么你学什么都能学得又快又好？为什么你不管学什么，都能迅速成为高手并迅速变现？就连做一个普通公众号，三四个月的时间，就做得比我们做了一两年的都好？你有什么不可告人的秘诀吗？我不是人，你告诉我！

阿何老师回复了一句话："我有个目标，就是想让大家一起学习、成长，所以我全年无休，勤奋、努力，不断研究方法，不断突破……"

我想起了他大年三十跟我说他过年不准备休息的事情，原来他是说真的。

当然，可能你会说，这么拼对身体不好啊，全年无休没有生活情趣啊，这么活着有啥意思呢，其实也不是必须要这样。可是，如果你想做点什么事，想折腾出点名堂来，还跟以前一样下班看电视，过节打麻将，可能吗？

前段时间我认识了一位前辈，姓酒，以前是一个大国企的副总经理，现在辞职了自己创业，做芝麻酱。她妹妹是我以前的同事，看我刚生完孩子，于是让她姐姐寄了几瓶芝麻酱过来。酒女士给我发货的时候，发现自己是我的读者，看了我很久的公众号，于是我们相识，并相约见了一面。

这一见，让我特别感动。

我们见面是在大年二十九，酒女士比我们定好的时间，早到了半小时。她特别谦和，有亲和力，我很奇怪作为一家知名大国企的领导，一个29岁就被提拔到副总经理的位置上的人，一个我同事跟我说是全家族骄傲的人，为什么要辞职做芝麻酱呢？

她跟我说："我在国企做了十几年，有一天突然想看看外面的世界。我已经 40 岁了，我这个年纪，所有人都觉得我只要安心做下去，等着功成名就就好了，全家人也觉得有我特别光荣。但他们不知道，我有我的痛苦和不安，所有的一切我都很熟悉了，那么接下来的日子就是一天天熬到 55 岁退休吗？"

"你知道作为一家全国闻名的国企的高层，下辞职的决心有多么难，全家人和朋友都让我好好想想，都以为我只是想想而已。只有我先生在我的劝说下同意了。我立刻辞职，开始凭借我多年的人脉和经验，选择了最好的原材料和工厂进行制作。我是一个生产副总，没做过营销，现在都是一点点死磕，一个个见人、学习，带着东西一家家跑和介绍。我做了一年多了，从刚开始的没有头绪，到现在认识了不少营销圈子里的人，虽然年纪都比我小很多，但教了我不少东西。现在每个月盈利还不错，我其实挺满足的。"

她一直在滔滔不绝地说，都忘了吃火锅。我听着她说话，看着她激动的表情，觉得她好棒啊。这种说到梦想眼睛放光的人，可能在 20 多岁的时候很多，但之后眼里的光就慢慢熄灭了。不是所有人，都能在 40 岁的时候重新为人生做出选择；不是所有人，能放弃一辈子的安稳，在所有人的反对下重新出发，就为了一个别人看起来觉得特滑稽的小梦想。

梦想是什么？不知道，但大多数人的梦想，在 20 岁的时候还熠熠生辉，但在 30 岁的时候已经死了，更别提 40 岁。

回家的路上，我跟老公说："这个人很值得尊敬啊！不是所有人都能有这个勇气啊。能把心里想的，真的做出来了，还放弃了那么优越的、唾手可得的东西，太让人敬佩了。"

回来以后，酒女士跟我说，知道我很宅，谢谢我肯出门去见她。其实我很想谢谢她，我已经很久没有看到一个人还说自己有梦想，并且提到梦想眼睛会发亮，包括我自己。

20多岁的时候，我挺喜欢说自己的计划的，总觉得自己有很多想法，一个个都牛×得不行，做出来肯定地动山摇的，会迅速成为人生大赢家。但越长大越不爱说了，因为我发现，说出来太容易了，做起来太难了。梦想如果只是说说，在很多时候，就都只是说说而已。

30岁的时候，我们都喜欢说自己有个什么什么想法，或者日子太平庸了，想要折腾点事情，但等了很久，一年又一年，结果每一天过的都是昨天的翻版。等别人做出来了，眼红地说，自己当年也想到了，就是没做。没做，你还说什么呢？

"大多数人心里想折腾点事儿，最终都选择了安逸的生活。"在朋友圈里看到这句话，我想起一句话：**大多数人的一生，都败给了一个字：等！**

● 你那么喜欢看"干货"，是因为你根本不想下什么功夫

有位朋友问我，能不能分享一下我自己写作方面的干货或者经验。我特别害怕这样的问题，因为我并不是一个喜欢总结方法论的人。我只能跟你说，要不断地写，写作特别辛苦也需要特别勤奋，很多常人看不见的努力你必须下得到。但这样的说法通常不会让人满意，总觉得我在保留自己的技巧，害怕别人超过自己而回答得模棱两可。

可事实上来讲，我周围的写作者是什么样的呢？白天上班，晚上写作到半夜是常有的事儿；在外面用手机写，在机场等飞机也在写，不断地看书，疯狂地阅读。他们没多少人去关注什么干货或者技巧，就是疯狂地写而已。我的朋友老妖，她写过一段话，描述自己的写作生涯的开始：

"我独自一人在北京，无亲无故，身无所长，唯一擅长的就是写一点文章。只能埋头拼命干活，看很多很多书，写很多很多字，把所有的不安和小情绪都释放在文字里。后来发现写作可以赚到一些钱，最开始的时候，给人写书评，100 块钱一篇也写，给很多高中生杂志写稿子，千字 50 块钱的也写，还写过各种各样不署名的软文。原本只是为了每个月多拿几百上千的稿费，可是这样居然积累了很多读者，有时候会收到读者的私信，他们告诉我自己被我的某篇文章鼓励到了，很喜欢我，觉得我勇敢地活成了他想要的样子。"

很多人想要所谓的干货，也就是被总结出来的 1234，但如果这个世界的成功通过 1234 就能达成，那全世界的人早就都成功了。

你那么喜欢看"干货"，是因为你根本不想下什么苦功。

你想要的成功，无非是急功近利的一夜成名，但凡不能让你找到速成法则的内容，你都会不满意。

你看不起励志语录，其实是因为你就算被打了鸡血，依然对眼下的事情一头雾水，但却完全不想自己研究寻找。

你太想从别人的成功故事里发现一些能移植到自己身上的成功捷径，是因为你从来看不见别人的成功都是经过无数次煎熬和失败，并从中淬炼出来的最终结果，你看到的仅仅是光芒四射的那一刻，而背后熬过的辛劳你不想看并希望自己能够躲过。

有天一位大咖跟我说，他在网上开了一门付费课，一共十节课。上完两节课后就有几个人来退费，理由就是没有干货。我这位朋友在他所在的领域非常资深又成功，一个成功的人，绝不是因为所谓的1234几句话就能达到了。但很多人觉得，我来听你的课，就是为了干货，你不能让我立地成佛，立刻成功，那就是没用，我要退费。

现在有很多标题党的文章，也有很多所谓的干货，比如说"三句话让你一天多赚一万块""如何用周末时间年入百万"……我周围确实有这样的人，用下班后的个人时间打造自己的个人品牌，现在每月都能赚六位数。但如果你听过他们的分享，你会发现他们都在努力告诉你一些所谓的干货，其实这些干货根本没什么实际内容，最主要的还是他们的坚持、努力、认真，和对自己的超高要求。

有这样一句话，大意是说，**一个人的成功都是建立在让自己痛苦和煎熬的自律之上。大部分人空有一颗想成功的心，但没有助自己走向成功的自律。**曾有一个朋友说自己在招助理，很多人报名，每个人都把自己说得特别有干劲，特别吃苦耐劳，都指望着跟着大咖共同致富。但每次做点什么事情，不是说自己今天太累了做不完了，就是这么晚了现在要睡觉了，或者不会做找不到了直接推回给领导，不到一个礼拜，朋友就崩溃的问我现在招人怎么这么难，大家是不是都不缺钱？这位朋友一个月大概能赚几十万，大概很多人来靠近他只是想看看有什么机会让自己也变富有，结果发现没什么速成法则，还累得够呛吧。

看过一篇对银行行长的采访，说有人在网上问他，如何能用1万块钱，在两个月时间内翻好多倍。行长跟他说："你这种方法不叫投资，叫投机。最快的方法就是买彩票、打麻将，虽然这种方法失败比成功概率要大得多，但这是唯一符合你目的的办法。"

一个在时尚领域很资深的人跟我说，网上很多人很讨厌她晒优越感，她跟我说："不是我晒优越感，是我足够足够努力，我没有体验过失败的感觉，这方面我没有经验。"这句话太霸气了。网络时代，很多人觉得，我关注你，是因为我觉得咱们一样，如果发现你比我牛×比我好，就说明你变了或者你在炫耀。其实是你自己从来不肯下苦功，你失败的经验太多了，就觉得别人晒优越感。可一个成功的人，为什么不能晒优越感给你看？非要就着你的玻璃心跟你讲自己的可怜才能让你觉得有共鸣吗?

　　说白了，成功的路子很简单，不是因为 1234 的干货和秘籍，只有坚持努力，努力坚持。当然，大部分人是没法让自己下到这种程度的苦功的，所以大部分人在不断追求干货和捷径的路上，少部分人已经越来越快地跑向成功了。你看得越多，越追不上。

● 每天活得跟打了鸡血一样，你不累吗？

我刚毕业的时候进入了一家外企，当时我的老板是一个新加坡人。在我们眼里，她是一个女强人，精明干练，能力超强，工作非常拼命，对自己非常狠。她非常消瘦，不管晚上几点发给她信息资料，她都会及时回复我们。有的时候开发布会，凌晨需要她修改文件的时候都可以早上 5 点钟到她家敲门。

那个时候她住的离我家很近，我们都住在新光天地附近，只是她住在很豪华的外国人公寓，而我住在普通的民宅筒子楼里。周末的时候，她经常把我叫到她家去一起吃饭。有一次她带我去新光天地吃饭，那个时候新光天地在我看来，是一个非常昂贵的地方，一顿饭就要吃掉几百块钱，满目都是奢侈品。那个时候我工资只有 3000 块，每次吃饭都心惊胆战的，觉得欠她好多。每次逛街，看她一掷千金的样子，我都会想我什么时候也能够这样花钱，想吃什么吃什么，想买什么买什么？

过了几年，我也能够在新光天地想吃就吃，想买就买的时候，回想起来那些场景突然明白：工作是一件特别特别公平的事情，有什么样的付出，就有什么样的回报。**别说什么职场不公平，这世上没有绝对的公平，但付出就有收获的道理，无论到哪里都是行得通的。**

有人问我："我找了个工作，起薪才 2500 块，不包吃住，你说这么低的薪水我该去吗？这点钱我该去拼命为资本家干吗？"

当年我实习的时候，以为转正后薪水有 6000 元，结果只有 3000 块，每年只加薪 1000 块，到第三年薪水才 6000 块。我记得有一个猎头跟我说："从你们公司出来再跳槽的人，都不用面试，因为你们培养的标准就是行业最高标准，我们猎头界都是很放心的。"为了这句话，我都会擦擦眼泪，收起沮丧的心情，踏踏实实干起来。现在回头去看，工作前三年，是一个人职场最单纯的时候，因为年轻，很多人不把你当作竞争对手，对你毫无保留地关照与教导。这个时间回报你的可能并不是工资的多少，也不是财富的积累，而是一种扎实的职业基础与职业素养的积累。这些积累能够让你在日后所有的工作路上走得越来越稳健，跑得越来越快，能得到的经济回报也越来越高。

虽然前三年工资低得可怜，但那也确实是我职场最拼的三年。几乎天天都要加班，谁找我吃饭都找不到。有时候是事情多忙不完，有时候是自己给自己加码。公司在线网络培训一门门课程去上，每一次分享都不落下，工作上的每个细节都要弄清楚。我记得一个比我大一点的同事跟我说："真羡慕你现在能这么仔细地工作，跟各方面的合作伙伴关系这么好。我以前也这样，但职位高了以后慢慢就做别的事情了，其实还挺想念以前的。"可以说，那三年省吃俭用还要赚点稿费才能让自己的生活有结余，但却给我的职业生涯打下了最坚实的基础，之后无论做什么都非常轻松，游刃有余。三年之后，每次遇到的 Offer 真的如猎头当年说的一样，一次比一次的惊喜更大。

现在我 30 岁了，我周围有很多同龄人都在这个年龄段呈现出不同的人生状态。有的人依然为自己的生计疲于奔命，特别是有了孩子之后。但有的人却平步青云在自己的岗位上做得越来越好，甚至在整个行业里都小有名气。还有一些人辞职创业，也取得了不俗的成绩。其实仔细观察这些人，那些在 30 岁左右拥有精致而优雅的生活的人，他们在工作上都非常拼命，每天都像打了鸡血的神经病一样。他们热情，好奇心强，眼疾手快，勤学好问。而那些平时懒懒散散得过且过的人，他们的职场生涯会随着年龄的增长，而变得越来越坎坷，甚至越来越不知所措。

很多人问："这么拼地努力工作，难道不累吗？需要这么不放松自己吗？"说实话，一！点！都！不！累！每天努力一点点，日子越过越轻松！年轻有体力的时候天天放松自己，等上有老下有小的时候，你会累得找不着北！

●现在的每一天，都是不进则退

有时候回想一些事儿，特别感慨。

头胎生儿子的时候，记得当时买个进口纸尿裤找个靠谱电商都难，找到了靠谱电商但他们春节不发货我就一点办法都没有，只能自己跑超市买。这次生二胎的时候，满世界都是纸尿裤，上午下订单下午就能到。

以前聊天 QQ 是主力，短信还发得嗖嗖的，每个月包月都要包几百条才够。现在微信的功能越来越强大，从聊天到内容分享再到传送各种格式的文件，一下子把其他软件都挤到无人问津的角落。

这一切，不过两年的时光而已。

而两年间的我们，有什么改变吗？有什么进步吗？

有句话说得好：**这个世界就是有一部分人在不停歇地改变世界，另一部分人醒来后发现世界变了。**

现在的每一天，对于每个人来讲，都是不进则退的世界。很现实，很功利。尽管如此，做白日梦的人依然很多很多，而且是大多数。

有时候观察身边那些进步很大的人，眼睁睁地看着他们飞速向前奔，每天每刻的努力自己都能看在眼里，心里着急、嫉妒，但自己就是没行动。给自己制订计划的时候，从来都是信心满满，但执行了三天就没了热情。到处问别人："你说我该怎么选择？怎么办？"

谁真的知道呢?

分答上越来越多的人问:"我没什么能力和特长,请问我怎么能最快地实现财务自由?"

说实话,没人知道,问谁都没法回答这种问题。只能说,要不然你先学学理财的基础知识?于是被评论:"回答问题不真诚。"

类似的问题:"我也想写作,请问怎么投稿赚钱,怎么让自己红?"说实话,我周围的很多大小作者,前期都不是靠投稿成名赚钱,都是自己吭哧吭哧地写了好几年,慢慢有了人气,有人来约稿,有人来约书,慢慢开始赚钱,成立自己的工作室,等等。但这个答案显然不会让人满意,因为看起来没说真话。可事实就是如此,这是个要花太久时间和太多苦功的事实,因此"不真诚"。

我特别佩服的两个美女作家,一个写作月入十几万,前提是每个月买书花好几千,写作写到颈椎病(当然,这个不提倡,这是累的)。另一个的公众号做得如火如荼,投资人络绎不绝,她四点半起床开始写作,每天都打扮得得体大方,精致优雅。她们写作到今天,除了很拼,还有很多年的坚持。现在很多人写作就想着怎么快速变现,快速火,让别人看见自己。可她们的这些辛苦你能否先做到一半呢?

但她们,即便是已经成名成家,钱像雪花一样冲过来,她们依然每天孜孜不倦地管理公司,日更文章,每天都在进步。

因此,我们大多数人都只是,看着她们越来越火,做着自己的白日梦,不进则退。

我的一个同事，让我印象很深刻。

两年前我们都在做一样的工作内容，一起开会，一起执行，一起跟客户侃大山。两年中我结婚生子去了，重心放在写作上，工作一直不温不火，不好不差。同事倒是相反，天天用匠人精神努力学习，不断地给自己找事儿干，没事儿也要整点事儿。两年后的现在，我辞职了，她升职了，甩我好几条街。

这两年，我们都在一起，座位挨着座位。我眼睁睁地看着她一步步往前走，也看着自己在职场中静止不前：不进则退，这四个字啪啪打脸。

市场上的书籍越来越多，资源越来越多，甚至免费的也越来越多。各种大V分享，大咖讲座，呼呼地涌上来。我们把微信文章都收藏起来，却再也没有翻出来过；我们报名参加各种分享，到点开始的时候自己还在外面晃荡；我们听了很多名人名言，励志警句，道理都懂，但越活越糟糕。

道理谁都懂，但都做不到，每天到处找有没有什么捷径秘籍，一无所获之后反而错过了最好的时光。

●想到还有那么多钱赚不到，就着急得睡不着觉

　　每次发了关于赚钱的文章，就会有很多人问："我也想下班后赚钱，我也知道钱有多重要，问题是怎么赚钱呢？"

　　每个人都想赚钱，但你有能让你赚钱的本领吗？如果没有的话，你自己去学习了吗？俗话说，知识就是金钱，知识都没有，那钱也赚不来。想到那么多钱赚不到，你能睡着觉吗？

••想到还有那么多东西没学，着急得根本睡不着。

　　有天半夜看书，读到了古典老师的一篇文章，其中提到如何利用"斜杠"技能来赚钱，文中是这样写的："如果是想把斜杠作为一项自我投资来对抗未来的不确定性，那么就应该选择那些有投资价值的技能来进行学习，即使你此时对它还没有任何兴趣。"

　　这条我特别有感触，大半夜的给我读清醒了。

　　就拿我自己来说，刚辞职的时候我活得很封闭，每天都是在家待着写写文章看看书。市面上有什么流行趋势也基本不怎么看，还觉得待在自己的小世界里挺好的，安全稳定与世无争。

　　2015 年年底网络课程开始流行的时候，我在公众号上给大家介绍的同时也开始自己买自己学。没有大块的时间，就用零碎的时间学。经常半夜起来喂奶的时候也能学半节课到一节课。通过这些课程和网络专栏，即使自己没

有出门，我的视野也开阔了许多，脑子也像是被刷新了好几轮，每天都有学了新东西的成就感。

这些新东西每时每刻都能运用到我的新工作当中，即使没有立刻让我赚到钱，但把知识化为内在储备的感觉非常好。

每次看到手机里还有那么多课程没上，那么多东西不知道，我就着急得根本睡不着。并且当自己的世界观被大咖们的言论所刷新，自己陈旧的观点被讲课老师的新观点所冲击，就感到自己思想的巨轮在不停地向前翻滚，根本停不下来。

这种感觉棒极了。

··走出门，与人见面，聊点有用的。

我曾在朋友圈发过一条消息，说希望新的一年能每周至少与 2~3 个人见面聊天，争取一年能见到 100 个人。

为什么有这样一个计划呢？因为我不爱说话，不喜欢跟人见面。一般人约我 500 次都约不出去，超过三个人的聚会我绝对不去。

我一直觉得这是一种自我保护，并且觉得性格如此，不必改正。直到辞职后我才发现，我离外面的世界越来越远了。

有时候很羡慕别人能够谈天说地的，毕竟最好的交流方式还是面对面，这样不仅能聊得更加痛快，而且总能激发新的灵感和想法。

以前参加一个 IP 训练营时，虽然因为自己生孩子所以一直参与得不多，也几乎不讲话，但我一直在观察大家。在这个群里，每个人都有自己在现实世界里的身份，也有自己所擅长的方面。大家在群里通过各种活动相互认识和熟悉，并且建立了线下联系，向对方学习其所擅长的东西，从而提高自己的能力，进而达到变现的目的。

我们大部分人总喜欢守着自己的一亩三分地，不让别人进来，也不出去看看别人，以为这样就能固守城池，安稳舒适。但如今人们都喜欢讲分享，尽管分享的背后是借力。一个人不可能什么都学会，因此，邀请他人一起合作，才能更好地把自己的潜能激发与变现。

••跨界，才有可能发现从没见过的自己。

我做了八年营销，最喜欢的是跨界合作。

两个八竿子打不着的不同品牌，因为两个品牌老大的执拗非要凑在一起，表面看起来毫无瓜葛，但一碰撞总会有新的火花。比如，科技可以融入餐饮业，为餐厅带来更快捷智能的服务；美食可以融入科技，给科技带来自味蕾的色彩和召唤。这是我最喜欢做的事情。

对于人也一样。人们总是在自己的小世界里思考，自己究竟喜欢什么，一般十年也思考不出来。不如放手去试试，做做自己从没有做过的事情，穿穿完全不是自己风格的衣服。有时候你会发现，原来自己还有这一面，也能摆这样的 Pose，也能做出这样的感觉。自己居然不知道！

人只有在不断尝试中才能发现新的自己，以及新的人生机遇。当一个人身上拥有更多不同元素的时候，他就比拥有单一竞争力的你更加吸引人。

人越长大就活得越来越封闭，因为一直守着自己的小世界不肯离开，也不敢离开。从不跟除了朋友以外的任何人认识和交流，长时间认识的就是那么一伙人。总说看不到新事物，过着一眼就能看到退休的生活。想要逃开，却总也无处可逃。我们都觉得世界那么大，那么精彩，都想要在未知的旅途中看到新世界。可哪有什么未知的世界，只要你自己一厘米都没动过，那么全世界对你来说一直都是陌生的。

生活本来就是一成不变的，重要的是自己要去求变，这样才能看到不一样的世界。

每个人都想要知识变现，但前提是你有知识。

打开自己，放开思路，伸出手握住别人的手，你才能看到广阔的天地。

一个朋友曾说，自从上了各种课程，比如我推荐过的付费课程和专栏，发现了天外有天，自己以前活得太狭隘了，自己的高下差距立现。以前成天各种矫情，现在都想扇自己为何浪费了那么多时间。

遇到看看外面世界的机会，有的人认为：这跟我没关系，怎么老跟我说，讨厌死了！有的人认为：这个我不懂，我为什么不试试看？

不需要太久，差距就产生了。再过三年，人生的距离就这样无限扩大了。

态度决定结果，格局决定人生。

●曾经进了一个群，快要被吓死了

曾进了一个群，有关国际学校的家长群，我进去的第一天就被吓死了。以前知道国际学校的孩子对成绩要求很高，但不知道这么高。比如幼儿园招生的要求是父母英文流利，小学的招生条件是孩子英文流利，小升初的要求是孩子要考 TOEFL 和 SAT。有个别孩子已经被录取的家长在群里成了红人，大家纷纷咨询面试都是什么标准，有什么相关的题目，英语成绩的要求有多高等。有一个自家孩子小升初的家长说："我孩子现在四年级下学期，只有一年多一点点的时间准备 TOEFL 和 SAT，简直想哭。"大家纷纷向孩子只有一岁的我投来了羡慕的目光，赞扬我起步早、困难少，他们都觉得自己从小学或者初中才想起来让孩子上国际学校这事儿，显然已经晚了。

有个孩子在北京某著名国际学校读书的妈妈，大家问她孩子什么水平，这位妈妈平静地说："我儿子目前读小学二年级，英语水平可以去美国给我当翻译，中文我们从小也都培养，入学主要看了下各种特长，现在学校也有各种兴趣班。目前上的是海外班，全英文教学，第二外语每周也会有 20 学时的课程……"

我的天，现在的孩子都这么厉害了……

公司群里经常会有人推荐实习生，随便打开一份简历，男的都帅得不行，女孩都能直接出道，学业背景清一色都在国外，有些孩子的背景闪闪发光到我们自己都觉得，这背景应该去投行啊，干吗来我们公司。前年我招了一个实习生，大学就是国内读的，大三开始休学去国外农场打工换食宿，之后在当地酒店做了一段时间的餐饮部领班，然后去美国带一对老年夫妇旅游了一大圈。这么一趟下来，英文是问题不大了，我们恰好在做一个酒店项目，自然就录取了她。之后工作中发现，经历丰富的她，眼光、视野、创意都特别好，还特别踏实肯干。我们的实习薪水还不够她在北京的房租，不过人家还有别的本事，同时做几个兼职收入不少。

前几年在媒体朋友那边实习的一个小男孩，毕业于北京一所公立高中，16 岁就被美国一所名校录取了，每天嘚嘚瑟瑟没事儿干，找了个媒体开始实习。同时他还在自己的高中开了一门电影课，给大家上电影分享课程。并且组织了几个已经保送的同学一起做了一档有关青春期的视频，是中国第一档由中学生自编自导的视频。我认识他的时候，他正在朋友的媒体公司实习，见人就点头哈腰地叫"老师好老师好"，虽然才 16 岁，感觉很成熟。后来他就去美国上学了，我翻过几次他的微博，留过言，感觉他在美国过得如鱼得水，他每次都很尊敬地叫我赵老师……

哎，幸好自己早生了几年。

前段时间在哈尔滨做演讲，席间有同学问到社会竞争力的问题。我提到了一个：留学的孩子渐渐回来了，比你小比你牛还是富二代的孩子也都回来了。以前他们不怎么加入我们普通人的竞争，但现在他们不仅加入了我们的竞争，还比我们刻苦努力，比我们有更多的资源、人脉、视野、经历，你以为这还是一个有钱当道的世界吗？早就不是了。

国际学校群里，哪个爸妈没有钱？但有钱就能把孩子送进自己心仪的好学校吗？纵然一年三四十万的学费，但没有成绩，没有特长，爹妈英文不够好，背景不够牛×的依然进不去。以前都以为国际学校有钱就能进，但实际上这是一场更高端、更激烈，甚至更加公平的竞争。迎接他们的，可能是我们从来没见过也没经历过的世界。

世界已经变成这样了，后辈们正在挑战我们根本没见过的内容，无知的我们还在磨磨叽叽地跟什么拖延症做斗争呢……

我一直在上一个英语口语课，前段时间推荐了一个小朋友过来，我们共用一个老师。第一节课结束后，老师问我："你推荐的那个同学，英文口语已经很好了，她为什么还要来跟我学呢？"

我也不知道该说啥，只是觉得，比我小，比我牛，比我有钱、有势、有资源的孩子们都已经拼成这样了，我还有什么资格天天干啥啥不会，吃啥啥不够呢？

●玻璃心，是因为你太闲了

我经常会收到大段的留言，但我基本都没有回复过，因为完全不知道该怎么回复。

每一条长段的留言，都讲述了一段纠结于心的故事，比如我家的狗被咬了，对方说了什么做了什么，我心里还是不舒服怎么办？同事上班说了句什么话，你说她是不是对我有意见？领导家孩子今天去单位白了我一眼，你说是不是领导在家说我坏话了？我自从生了孩子以后，婆婆老来我家看孙子，我觉得她就是想跟我抢，你说我该怎么办？等等。

每次看到这种留言，客观点说，我根本不觉得这是事儿。如果这都是事儿，那真的是有点玻璃心了。

曾经参加过一个活动，主持人问我："看你一路那么拼又那么正能量，你的生活里就没有什么苦恼吗？"

我一点都没拼啊，我正常的生活状态就是这样啊。起床，上班，下班，回家带孩子，孩子睡了以后看书写作，有时候还有些网络课程要学习，周末去上课，以及带孩子出去玩等。遇到紧急的事情需要加个班什么的。我每天都是这样地生活，周围的人也是，大家都挺忙的，这是一种习惯，也已经习惯了。

习惯了很忙，自然就没有时间和精力为小事叽叽歪歪了，没工夫跟谁吵架，没有闲情逸致躺在床上回味今天谁对我不好了，谁踩了我一脚，我是不是说错了话，得罪了谁。我大部分时间都在想：哎？什么事儿还没做完，地上这么多新书还没看，儿子的学费还没交，英语课好久没上了，我感觉我的生活里到处都是忙不完的事。当然，这也是我的苦恼。

至于周围的人如何看我，有没有人对我暗地中伤，有条狗在我脚边拉了屎，同事今天说了句怪话什么的，我完全不关心，也没时间关心啊。如果你不幸知道了，心里不舒服，那就不舒服好了，没事别千百次地回味，有这个时间干点有意义的事儿，睡觉也是可以的。

人一闲，就容易想东想西的，特别是长期宅在家里或者长期两点一线的生活，一个人思考问题非常容易陷入牛角尖里，想着想着就会觉得一件小事越来越严重了，自己的整个世界都要炸裂了，感觉自己活不下去要抑郁了。

曾经有一个理论说，人们担心的事情，90%都不会发生，都只是人们自怨自艾的想象。**无论发生什么事情，人们都总下意识地往坏处想，想到这件事情最差的可能性，把自己吓得半死。**但过一段时间你会发现，你的担忧根本没有发生。我以前也是这样，出门会担心没关电磁炉，然后就会想锅会烤干吧，那就要着火啊，着火了的话那我家隔壁也要着火啊，万一遇到可燃物，那整个楼都会爆炸啊！天哪，本来好好的一个逛公园散心的下午，心情都格外沉重。

了解了这个理论之后，每次遇到担心的事情，我都会下意识地告诉自己，90%的担忧都是不会发生的，不用担心，有时间干点别的，别闲得没事儿瞎想。随便出去走一走，不用走远，就去超市买个瓜，菜市场里买个菜，跟朋友出去吃个饭，你会发现自己苦恼的小事根本就忘得一干二净了。

很多人说，我不想让生活那么忙碌，也没什么伟大志向，我想要从从容容地就可以了。其实人闲下来也挺难受的。比如，我有段时间身体不舒服，大部分时候都躺在床上休息，但也不能 24 小时都闭眼睡觉。所以总琢磨着找点事干。看书写文章但体力不太够；那看个电视剧吧，看一会儿也累了；那出门买个菜吧，磨叽半天没出去；抱着手机跟朋友聊会儿天，大家都挺忙的大周末没什么人搭理我。一整天晃晃悠悠的就到了晚上该睡觉了，回想一天，什么都没干，荒废了一天的大好时光，挺有罪恶感的，于是开始觉得自己这样做太不对了，情绪开始低落了……再磨叽一会儿就会觉得自己太没用了，再想一会儿估计能直接抑郁了。

有句话是这么说的：忙是治疗一切神经病的良药，一忙，也不伤感了也不八卦了也不花痴了。平静的脸上无怒无喜，看过去只隐隐约约地写了一个"滚"字。

这句话特别精准，送给每一个玻璃心的你和我。

●赶快起来工作，你看你把自己惯成什么样儿了？

有次叫了通乳师张老师来我家，她进门见到我就一直说："两个孩子了，你得拼，你不拼怎么养两个孩子？"

我听了有点惊讶，因为凡是认识我的人，见我的第一句话通常是："你好好休息休息，别那么拼，钱赚不完。"

这是第二次有人劝我，你还年轻，赶紧努力，赶紧拼命！挺震惊的。

第一个劝我的人是老高，就是我的老同学，现在在日本做代购。老高比我还拼命，经常发货发到凌晨3点。我们经常在微信上相互鼓励，她总跟我说："老赵，睡什么觉，起来工作，赚钱！"

说回张老师。

张老师是通乳师，每天风里来雨里去地给产妇按摩通乳，虽然来钱快，但都是力气活儿。张老师住在河北的燕郊，大概离北京市中心三四十千米，每天5点起床出发进城，晚上经常坐最后一班车零点到家。她每天出门和到家都发朋友圈，顺便给自己说一句加油鼓劲的话。

张老师是上门服务的，也就是说，只要客户给一个地址，她便自己寻着公交车去。熟悉北京的人都知道，北京光城区跑一条对角线就要俩小时，更遑论那些周边郊县。由于张老师还做汗蒸等其他项目，因此还经常要带大型工具在马路上奔波。餐无定点，工作时长也不确定，都看客户的身体状况而定。

这样的张老师已经快60岁了（虽然我看她挺年轻的）。

张老师没上过太多学，但是执着，做通乳这行十几年，现在已经是特级通乳师，预约都排在两三天之后。人利索，手艺好，手到病除。她跟我说："什么叫拼？你看我，快60了，每天挨家挨户地跑。路途远了，病难治的，都要应对。我们这都是一点一点每天拼过来的。前段时间我腰椎间盘突出了，休息了四个月，难得的休息。我们这份工作，全年无休，每天十几小时，有时候客户半夜突然堵奶都要半夜出诊。"

我跟她开玩笑说："张老师这钱赚得哗哗的！哈哈哈！"

她说："再赚钱也没你们好，你们有知识有文化，我们全靠力气活儿，拼着一口气。等年纪大了就干不动了，更要趁能干的时候多努力。你们年轻，得拼。"

那天在我家她待了两小时，反复地说了这么几句话，我挺感动的。我们总觉得要励志要找鸡血榜样，其实榜样就在我们身边。他们可能没什么文化，可能并不善言谈，可能没人注意到他们，但却足够让自己觉得振奋。

一个快60岁的人都能这么努力，这么拼命，自己天天卖啥惨呢？不说别的，就张老师这每天早晚奔波的，让我空着手跑一圈我都能累得半死，何况还要工作，还要带着沉重的工具，还7×24小时全年无休？

这个城市，从来都不缺比我们拼命的人，只是有的时候自己假装看不见罢了。

这个城市，从来都不缺让我们打心底佩服和心疼的人，只是自己太惯着自己了。

朋友来我家说："老赵，你这身体太好了，看上去哪像刚刚生完孩子啊！还是剖腹产！你这整个就一个没事儿人啊。"

其实不是，也累，也困，也虚，但你看，周围那么多人优秀又拼命，让你不得不觉得，自己哪能这么一天天躺着，闭着眼睛借口生了孩子就睡大觉呢？

就像张老师说的，**所谓的拼，真的是一点点熬出来的。并没有什么刀光剑影，也没有什么火光四溅，就是一点点熬着。有句话叫：所有的伟大，都是熬出来的。**看多了电视剧和小说，总觉得努力拼搏是个很美好的词，充满了奋斗和激情，特别兴奋。但只有身在其中的人知道，熬是一件多么痛苦的事情。

其实生孩子这事儿挺让人开阔视野的，因为你会通过这件小事，认识到那么多特别努力的人。比如，高度警惕待命的医护人员，一年不休息的各种产后护理的人（如通乳师、汗蒸师等），一熬就是一整月的月嫂。她们好像都是很平凡的人，平凡到生完孩子就可能被通通忘掉，但也同样有很多精神值得学习，并不是只有封面杂志上的精英，才叫励志。

很多人说，你写的故事肯定都是假的，我周围咋没那么多人让我觉得励志，咋牛×的人都去你身边了？不是没有，是你不想看，所以看不见。

写这篇文章的时候，我经常给儿子买衣服的店的小客服还在线上。她有点难过，因为自己的粗心，弄错了库存，让一个客户生气了。此刻已经是凌晨1点了，她还在仓库里一件件衣服地清点。我让她赶紧回家，明天再说吧，反正老板出差去了。她跟我说："姐，这是我粗心造成的，我得改。我每天都差不多这个时间才回家，不用担心。"

她在上海，偌大的城市，可能没人知道她，连她老板可能都不知道她会在仓库加班到凌晨。可是，总有些小小的努力的心，在我们所在的城市里跳跃。年轻，努力，勇敢，不服输，勇于认错……她就像曾经的我，倔强地自己跟自己较劲。我能想象到，当她终于走出公司，在闪烁的霓虹灯下走在回家的路上的时候，虽然孤身一人，但内心一定会充满希望和力量。就像每个大大小小的城市里奋斗的人们一样，都在拼，都在不停地奔跑。

●大部分人的努力程度，根本不用担心什么过劳死

每次发文提到努力工作学习，就有人来问："那么努力工作学习，身体不好了怎么办？不是那么多人因为太过拼命过劳死了吗？身体坏了可是得不偿失啊。"

每次看到这样的问题，我都很想说一句："你想多了。"大部分问这样问题的人，根本还没开始努力呢，就开始未雨绸缪到过劳死了。

想一想，我们大部分人的日常生活是怎样的？

上班的时候能按点儿到就不错了，一年 200 多天的上班时间，又有多少时间你是真的认真努力又拼命？下班之后呢，走走逛逛，回家吃个晚饭，看看电视洗漱一下就睡觉了，周末又是逛街、购物、约会、朋友聊天。

这样的日子可能很多人觉得没劲，应该努力一点。那么，大部分人的努力是什么样的呢？

可能是今天看了一本书，明天跑了一圈步，后天做了一会儿瑜伽，大后天听了半小时的讲座，就觉得自己已经很努力了。如果这种状态能够坚持一礼拜，就恨不得发朋友圈，告诉全世界，自己真是太辛苦了。

但是，要是哪天看到有新闻报道说某某因为工作太拼命猝死了，就开始感叹，感觉自己是不是应该多注意一下身体，不要这么拼命了，于是自己又回到了原来的状态：吃饭、睡觉、刷微博和朋友圈。等有一天看到别人因为努力工作升职了加薪了，成人生大赢家了，又开始发誓自己明天就开始努力！

你是不是也是这样?

所以，能成为人上人的人总是少数。如果每一个人都能把自己的努力状态多持续哪怕三个月，你就根本不会为自己的生活迷茫，也不会为自己赚不到钱而困惑，更不会觉得别人努力有什么可励志的，因为你自己就是个励志故事啊。

我身边有很多拼命的人，他们是怎么拼命地呢? 在我看来，我都不及他们的十分之一。比如，投行的朋友一天工作 18 小时，当然这么长时间的工作，确实算高危，但一般人的努力程度连他们的九牛一毛都没有，你担心什么呢? 今天我跟朋友谈到，要是我过段时间生孩子，估计公众号就要停更一个月吧，朋友说:"不会的，你看某某刚生完孩子，她生的前几天还在写，生完两周又开始了。"当时我跟她开玩笑说:"你真是丧心病狂地在逼我。"可见周围比我们努力的人有很多，他们都身体不好了吗? 他们都生命垂危了吗? 而你的努力，又有他们的几分之几呢? 你担心什么呢?

当然，不可否认的是，每个人的身体条件不一样，每个人的承受能力和耐力也不一样，你要是连续每天看十页书就倒下了，那是你身体确实不太好。但大部分情况下，你还有一个撒手锏在保卫着你的身体健康，那就是健身。

提到健身，我们又是什么样的表现呢? 在国外，健身和晒肌肉是人民群众喜闻乐见的娱乐活动，在我们这儿，"葛优瘫"占据了大部分人的业余生活。好不容易立志去健身，人还没进健身房大门，先去买一堆健身器材，先下载一堆健身的 APP。真正到了健身房，再去买点私教课。认真、按时、充分利用健身卡，一周能去三次，坚持一整年的，有多少人呢？所以，你以为健身房那点年费能赚多少钱？还不是赚大部分办了卡热血三礼拜，消失一整年的人的钱？

如果你真的天天去健身房跑跑步，认真地上每一堂私教课，那么你不需要羡慕别人的马甲线，也不用寻找减肥秘方，看别人的减肥经验帖了，健身房若遇到的都是这样坚持到底不放弃的人，那它早就倒闭了。

有同学说，那些拼命的人都熬夜，可是熬夜等于自杀，我头天晚上熬夜第二天早晨上班整个人都不好了。这句话非常对，熬夜不可取，可是你可以选择早起啊。那么多早起团打卡什么的你参加过吗？早晨五六点钟出去跑个步你有做到过吗？说自己是睡神什么的，那没办法，努力和健康比起来，你还是多睡觉吧。但从我个人的经验来看，如果心里没什么目标，也不健身激发身体活力，一天到晚思想上懒散什么都不想干，是个人都很想睡觉啊。

事情还没开始做，就开始担心这个担心那个，恨不得给自己铺一条绝对完美的路线，还要担心会不会让自己累着了，你咋这么惜命呢？哪有那么好的事儿呢？你觉得有，那你就慢慢等着吧，等到地老天荒，等到人老珠黄，看着别人从你眼前光彩夺目地走过吧，反正你别急就行。

微博上有个网友说，他老师说过一句话："脑袋是累不坏的。"说得对极了，但是脑袋是可以闲傻的。

抓紧时间，多学知识，认真工作，多读两本书，就能让你过劳死吗？大部分人的努力程度，根本达不到伤身体的程度，何况你还可以健身锻炼啊。

最重要的是，不加班不学习的时候，你真的早睡了吗？

● 当年你说不想要一眼看得到老的生活，可现在 30 岁的你已经死了

·· "千万不能找全职妈妈。"

以前一个做母婴创业的朋友，拜托我帮她招几个人。她的孩子跟我儿子一样大，当时才一岁半左右吧，而她已经创业一年了。因为是母婴行业，我建议她可以找全职妈妈。因为很多全职妈妈孩子上了幼儿园白天就没什么事了，也正好想出来工作，对你这个领域也熟悉，特别合适。但没想到她说："千万不能找全职妈妈。"

她跟我解释说："之前招聘过不少次的全职妈妈，很多妈妈面试的时候说得很好，内心也有很多憧憬，想让自己从家庭里解脱出来，干点大事，但真的都只是嘴上说说而已，她们已经忘了什么叫工作，什么叫上班。"

"很多全职妈妈孩子上幼儿园后自己没什么事儿了，但心理上也紧张不起来。上班迟到，下班早退，中间随便找个理由就离开了，晚上绝对不会加班，哪怕只有一小时，只要下了班，电话永远联系不上。也没什么好奇心，遇到新东西也不学习，只说一句不会做就扔那儿了，或者各种嫌麻烦不想干。她们确实从家里解脱出来了，都来我这儿成天聊天喝下午茶了。"

··给我介绍点好活儿。

前几个月朋友跟我说想折腾点事儿，家里刚买了学区房，缺钱，朋友圈里也是天天哭穷，嚷着要自己干点什么挣点钱。我一听这是为孩子买房，特别理解，打那之后遇到合适的机会都直接给他，很多活儿本来有更好的人可以介绍，但想到他缺钱，就毫不犹豫地都给了他。

前几天他又打电话给我，问我能不能介绍点好活儿给他。我问他什么叫好活儿？

他说："你之前介绍给我的那些，都不太合适。要么是客户啥也不懂，要么是时间短任务重，要么是赶上我也忙。前几天那个客户找我的时候，我陪我老丈人打麻将呢，你说大过年的，我不能驳了老人家的面子吧。有没有那种不太累，但钱也挺多的活儿给我介绍一下？"

我跟他说："你这要求是全世界劳动者的希望啊，要是有，麻烦你也给我介绍介绍。"

毕业的时候，很多人都哭着喊着要折腾：要沸腾的人生，最怕过上一眼望到老的生活。每个人都说，不想要稳定的生活。那个时候，你以为自己只要扑腾几年就能成为人中龙凤。小城市的人向往大城市的风风火火，小公司的人向往大公司的前途无量。你挣扎，你反抗，你不同意家里给你安排的稳定工作，你不想要一眼就能看得到老的生活。

然而，等到 30 岁的时候，青春过去一半的你发现——

这个社会太现实了，努力七八年，自己还不如别人一张嘴甜得到的多；

非事业单位的工作风险太大了，累成狗休个产假回来就没位置了；

每一年过得都不知道下一年还有没有钱赚，辞个职昔日的合作伙伴就不认识你了。

所以，你开始觉得，自己并不热爱自己的工作，社会也不公平，没必要这么拼下去了，反正最终的结果也差不了太多，万一太拼了过劳死了呢？

你学会了投机取巧。

你学会了只按老板和客户的喜好干活儿。

你没有了自己的个性和趣味。

你没有了好奇心，还鄙视别人花时间学习。

你下班后只会刷手机和买买买。

你再也不会也不想有自己的想法，你再也不想去钻研和努力什么。

遇到房价飙升、物价上涨，你习惯性地抱怨和吐槽两句，或者做键盘侠在网上发泄一下。

你把所有的希望都放在自己孩子身上，希望他是个神童，考高分，考好学校，别让自己操太多的心。

但你自己，却懒洋洋的什么都不学，让你付出点什么，你就担心全世界都要骗你。

同学聚会的时候，看到别人风光无限，看到别人妻美儿乖，你羡慕嫉妒恨，回来发誓要折腾点事情。想了一晚上的宏伟志向，你发现自己竟然毫无所长。昏昏欲睡中，你忘记了这一切，明天早晨起来，你依旧是以前的你，没有好奇心，不再求思进取，安逸地生活在自己的小世界里。

30 岁的你，已经死了。

30 岁之后的生活，只是不断地重复同样的一天。

••30 岁是一道分水岭。

30 岁是一道分水岭，那些优秀的人像坐上了飞机，直冲云霄；剩下的人，一天天熬着，仿佛用尽了半生的力气，却什么都折腾不出来。

有天晚上跟一个朋友讨论一门网课，因为主讲人是个学霸，所以我们一直在聊学习的话题。在交流学习心得的时候我们谈道：看一个人说话做事，就能大致看到这个人的未来。人与人之间最大的差异，其实不是努不努力，时间用得多不多，而是思维方式和方法，年纪越大越是这样。一个人的成就，很大程度上源于他的格局和视野，再加上勤奋和努力。如果一个人这两者都有，就能甩你十万八千里。

就像我们所追求的生活，一部分人认为只有不断努力进步，才能让自己过上有保障的、稳定的生活；另一部分人认为得过且过当一天和尚撞一天钟也挺好。

当年我们都说不想要稳定的一眼看到老的生活，结果没几年都让自己过上了安逸的生活。不仅仅是稳定，并且还是安逸！

朋友曾与我聊天说："咱们这个年纪，上有老下有小的，自己的日子也不好过。如果在 30 岁的时候，经济、知识和能力的储备还没有基础的话，后面的日子真的很难过。社会很现实，30岁之后的人生更现实。混得好了，当年忘恩负义的白眼狼都会回来找你；混不好，你身边连个能说话的人都没有。"朋友圈里有句话让我很警醒："人生因为坚持而热爱，而不是因为热爱而坚持，大部分人心里想折腾点事儿，但最终却都选择了安逸的生活。"

　　你呢？

●混日子的人，有什么资格说每天工作 18 小时的人挣钱容易？

有次跟朋友吃饭，无意中聊起家人这个话题。朋友说自从自己来北京打拼，在老家的亲戚都觉得她一定特别有钱，而且赚钱特别容易。每次回家都有意无意地提到钱，或者每次付钱都等着她。就连用了一旧手机都被吐槽"挣那么多钱也不知道买个新的"。上次朋友的姨妈专门打电话来让她送个iPhone7，说自己一直没用过苹果手机，听说现在特别火。朋友刚买了一套小房子，自己都快吃土了，于是拒绝了。姨妈很生气地说："你挣钱那么容易也不知道孝敬你姨，小时候真是白疼你了。"

朋友很伤心，感觉自从来了北京，来到了所谓的大城市打拼，自己跟老家里的家人关系越来越远，远到回家说话都困难。顺着他们说，别人觉得你特别假；按照自己的想法说，大家都听不懂或者觉得你假正经。自己的亲戚们，一辈子混大锅饭，下班就是吃饭、看电视，10 点上床睡觉都觉得太晚了。而朋友在北京每天恨不得工作 18 小时，才能勉强完成给自己制定的目标和任务。当然，朋友这么拼，一来为了赚钱，来大城市打拼不就是为了赚更多的钱吗？二来城市越大，越觉得自己浅薄，学得越多，越觉得自己不懂的太多，所以拼了命地努力。

朋友的收入，在这个城市生活一点问题没有，但一遇到买房这种大事，挣钱再多的普通人也不敢说自己没一点压力。朋友刚在四环买了一套小房子，因为前业主精装修过，朋友直接拎包入住了。偶尔在房子里拍个美美的自拍照，再美图秀秀一下，让人看起来精妙绝伦的。而这些一发到朋友圈里，就被远在老家的亲戚们当作"挣了大钱"与"这么快就买房，一定挣钱很容易"的证据。可这个城市，挣得多，花得也多，并且挣钱的数量跟睡眠时间成反比，跟努力程度成正比。一辈子上班聊天、下班看电视、周末打牌的亲戚，可能从来没体验过这样的生活吧。因此每当朋友说自己很辛苦的时候，亲戚们总是说："我们上下班日子过得也很辛苦啊，只是没有你那个好命罢了，你挣钱多容易啊。"

可什么是好命呢？什么是挣钱容易呢？就是一天工作18小时地拼命，比天天吃吃喝喝混日子的人挣钱多，就是好命和容易吗？

朋友接着说，她前段时间买房的时候，左拼右凑还借了钱才凑够了首付，已经是自己全部的积蓄了。嫂子听说了后跟她说："你可真有钱啊！你都在北京做什么啊，有没有我能做的，让我跟你干呗？"

朋友实在忍不住说："我每天工作十几小时，没有节假日和周末。从早晨起来到晚上躺下，中间都不休息、不睡午觉。压力大，强度高，好几年没开过电视机了，这种日子你能过吗？"

朋友觉得特别委屈。她好想说，上次中午跟家里打电话找嫂子要个电话号码，打了一中午三小时都找不到人。后来接通才知道，全家都在睡午觉。朋友从读幼儿园开始就没怎么睡过午觉，以前是觉少，现在是忙得舍不得时间睡觉。中午能睡三小时午觉的嫂子，怎么会知道自己赚钱的辛苦和不易呢？可这话又该怎么说出口？

　　其实我们大部分人都一样，看到别人挣钱多，自己会眼红，觉得自己也挺努力的，但就是没有别人钱多。到底为什么呢？肯定是因为别人有猫腻，比如有干爹，有投资人，有什么伎俩，或者老公／男友特有钱，肯定是这样，否则凭什么比我有钱呢？没人愿意想想别人可能付出了更多的时间和精力，甚至付出了超出你想象的程度的努力。总觉得自己不可能做到的事，别人也一定不可能。看他们也天天晒吃喝玩乐，那么有钱，他们都干什么呢？咋挣钱那么容易呢？

　　每次看到昔日的老朋友今日都一个个闪耀着各种光芒，我内心也会戚戚然。但也会记得，他们中有人中断工作去国外求学，所以今天回来当了副总裁；有人没日没夜地做视频，每个细节都要盯，所以成了知名导演。这些苦功你都下不了，这些辛苦你也不会去尝。就像有人能关照到身边的每一个人，给每一个帮助他的人发红包，谦虚地学习，你自我封闭觉得自己最好；有人上班做工程师，下班写小说好几年，而你下班都在看娱乐八卦篇；有人精通理财玩转金钱，可你连看本理财书的耐心都没有。说到底，都是自己做不到，既然做不到，那就只能眼红别人比自己得到的多，抱怨的时候想想自己都做过什么努力呢？别人做得再不好，但别人下过这份苦功，就比你强。

　　这世上没有容易挣的钱。我的朋友老高做代购，人人都觉得不就是买了卖，去邮局打个包吗？出货量这么大，客户多得数不清，一定赚翻天了。实际上呢？老高一个人做代购，做到一个大区的最大的代购商，买货、卖货、发货都自己一个人，还要处理各种极品售后问题，几乎是脚步不停连轴转。都说老高身材好，其实是累的。她跟我说："我妈在国内给我买房，我把人生第一次自己赚到的20万给她贴补点，却发现20万还不够买个车位。那时候才知道，我从小生活得看似很优越的背后，我爸妈得有多辛苦。"

那些生意人看似一票能赚几百万，但他们周旋在酒桌上喝到胃出血的时候你看到了吗？当年微博段子手们发一条微博赚十多万的时候，谁都不知道他们经常想一个创意头发都快揪光了。就连早晨的鸡蛋灌饼摊儿，很多人说3块钱一个，按一早晨卖1000个算，一天就能赚3000块呀。但你知道一个小灌饼摊儿，需要3点起床和面，4点出发，5点开始支起棚子卖到上午10点吗？这个时间，我们都在做梦。别说他们下午可以睡觉休息啊，那你来，你行你上，不行别瞎说话啊。

● 你讨厌的并不是单调的生活，而是失败的自己

很多人都不太喜欢自己目前的生活，觉得无聊，单调，辛苦，花费了很大的功夫和时间，却只能换来一点点进步，甚至什么进步都换不来，倒是沾了满身泥。电视里、小说里那些洒脱、悠然、劲爆的生活，永远都没发生在自己两点一线的生活里。别人的朋友圈里天天都在晒西餐、潜水、落地窗和大 House，而自己的生活里只有灌饼、榨菜、群租房，想改变却无从下手。

很多人抱怨现在的生活和工作没有自己想象中的有趣和有进步，可你自己想要什么样的生活自己知道吗？很多人说我不想跟别人比，我就是我，不一样的烟火，可你自己到底是怎样的，自己知道吗？每个人都觉得自己应该生活在别处，在偶像剧里，在青春言情小说里，在玛丽苏霸道总裁爱上你的故事里，因为那些故事里的你都不用付出什么辛苦，也不用有什么压力，可以轻轻松松有人爱、有人疼，有人给买包、买房、买车，转角遇到爱，还百分之百无条件一辈子爱你。

这样的生活其实才是自己心里想的，可谁不想要呢？你要是知道怎么能得到，请你也告诉我一声。

什么叫单调的生活？什么叫有趣的生活？有趣必然也是要以辛苦为代价的。很多人说，我想像你一样生活得充实而有趣，有成就感和价值感。但是，充实是建立在很累很累之上的。

　　前几天早晨我去英语学校上课，发现公共听力区里有个六七十岁的老太太，正戴着耳机专心致志地做题。当时看到那一幕的时候我都快吓傻了，瞬间自己的懒惰之心就被击毙了，感动得差点掉眼泪了。我有个同事是全职妈妈，每天带着孩子在外面到处玩，没事儿还去个国外什么的。朋友圈里看着多充实多有趣的生活啊，但平时下楼买饭都嫌累的你，想想带着一个孩子开车到处跑，充实吗？充实。累吗？特别累！充实和有趣，从来都是建立在辛苦和累之上的。

　　当你觉得自己不喜欢现在的生活的时候，那你喜欢什么样的呢？你有什么能力去改变它吗？没有人会告诉你该怎么去改变它。**问天问地问别人该怎么办，可是能改变自己生活的只有你自己。**很多人觉得只要有钱就可以改变一切，只可惜到了很大年纪，可能你还没有足够的钱去改变一切。

　　我们总说自己讨厌目前的生活，不喜欢现在的一切，不如说我们讨厌的是心里那个非常懒惰，什么都想要，什么都不想做的自己。总是臆想着自己功成名就，神采奕奕的样子，回过神来发现今天上班又迟到了三分钟，老板正在黑着脸等着自己。理想和现实的差距，让我们越来越懒，越来越没有希望。走高的房价和物价以及渐渐三十而立的责任与重担，压得我们喘不过气来。在离开学校走进社会之后，本以为会像杂志上的职场精英一样过上精致优雅的生活，却没想到走进了一种越来越无力，也无法自律的现实生活里。这才是我们讨厌一切的真相。

曾在一篇文章里看到这样一句话："她们不断地臆想，不断地痛苦，但天亮之后，她们依然站在原来的泥泞里。什么都想要，什么损失都不能接受，什么都得不到。这个恶性循环的怪圈，大多数人年轻时都踩进去过，被绊住脚。"

最近给自己制定了新的英语学习目标，无数次地幻想自己一年后英语如母语般滔滔不绝。但落到每一天的英语课上，我需要面对的是一次次的回放与精听，一道道题的反复琢磨，是每个懒惰想睡觉但不得不爬起来的早晨，是每天不间断地学习两小时，是上课上到凌晨。家人都问我为什么这么晚还有课，累吗？累死了。单调吗？单调透了！进步快吗？都想把电脑砸了。

事实上，我们所想要的其实并不是有趣的生活，而是拥有成就感的自己，可是成就感的前提是你需要付出很大的辛苦，而这个所要付出的辛苦的过程，就是目前我们单调的生活，就像现在苦熬着的自己。

想想现在的自己，你想要的，究竟是什么？

● "你老公那么有钱，你还这么努力干什么？"

Facebook 首席执行官马克·扎克伯格及妻子普莉希拉·陈曾表示，未来十年他们将向社会捐助 30 亿美元，用于帮助人类治疗和管控所有疾病。消息一出，铺天盖地的文章开始高度赞美普莉希拉这个拥有自己理想和志向的女性。可能他们忘了，当初两位结婚的时候，他们是怎么吐槽普莉希拉长得不好看还傍上富豪的。

在有关扎克伯格的一篇文章中，有一句话说得特别好："扎克伯格的 Facebook 很棒，但她要继续自己的步伐，而不是跟在男朋友身后；她有自己的梦想，不是谁谁背后的女人，无论对方多么优秀。"

看到这句话的时候，我觉得很踏实，有一种被温暖力量和笃定态度包围的安全感。现在很多人在讨论女性独立的话题，可事实上，女性是否看得起自己，是否觉得自己应该独立，才是第一位的话题。

●● "你老公那么有钱，你还这么努力干什么？"

当初我在办辞职的时候，不少人问我："那你以后是不是就老公养你了？"

还有人来说："你怀着孕还辞职，不如就在公司混着，好歹有份工资，你老公压力还能小点呢。"

先不说我辞职后的工作更忙更多了，只是我很奇怪，为什么他们会这么想。

其实也不是不能理解，大多数时候，我们身边的女性只要找到一个多金的好老公或者多金的好婆家，很多人都会问一句："那你还上班吗?"或者"你老公那么有钱，足够养得起你，你还上班干吗啊?"

可能，在我们大部分人的潜意识里，婚姻的目的就是依靠，而这种依靠更多的是女性对男性物质的依靠，过上优越的少奶奶生活，这就是我们潜意识里推崇的婚姻观和价值观。如果一个老公比较有钱，而太太还在努力打拼，多半会招来很多人的非议："图什么呢?"

我曾写了篇有关结婚生子前后女人一定要有钱的文章，结果很多人来问我，如果结婚不是为了依靠男人的钱，那还结婚干什么?

对此有个网友回答了这样一段话："看到有人问为什么要找另一半，我只想说另一半是精神上的依靠，不能光是他做依靠，两个人应该一起努力才对。什么嫁进豪门，想通过嫁人改变一生，终究太过于虚幻，过度依赖别人还不如改变自己，两个人是彼此的依靠不是最完美的事情吗?"

··**"富豪有很多，世界冠军没几个。"**

有次郭晶晶和霍启刚一起参加电视节目，大多数人才了解到郭晶晶在霍家的地位之高，受宠之深。这之前，很多人都心怀鬼胎地觉得郭晶晶也和大多数秀"鸽子蛋"的女人一样，嫁入豪门，生儿育女，一辈子担心富豪老公会不会出轨，坐等着男主人的花边新闻登上八卦杂志，吃瓜群众再为郭晶晶的选择唉声叹气。

只可惜，正如郭晶晶所说："富豪有很多，世界冠军没几个。"

可能很多人之前忘了，郭晶晶是以世界冠军的身份嫁入霍家，而不是以什么明星傍富豪或者小三上位之类嫁入霍家的。

一个女人的底气，到底还是靠自己的努力换来的，而不是依靠整容脸或水蛇腰；不依附于某个男人，更不依附在某个名门望族的屋檐下。她的努力，支撑起的不仅仅是自己的财务自由，还有自己的理想与目标。

就像扎克伯格的妻子普莉希拉，她有世界上最年轻又富有的老公，但依旧拒绝了老公请她一起加入 Facebook 的邀请。她有自己的爱好，她有自己的目标，不仅如此，她还影响着自己的老公，使其投入到儿童医疗与教育事业中，两个人在各自的领域努力着，当他们在一起的时候，不是她靠着他对闪光灯微笑，而是两人站在一起，为改变世界做自己的努力。

这样的夫妻关系，真让人着迷。

••缺钱并不可怕，有钱但没想法的依附关系才最可怕。

在我的朋友圈里，曾经有一个让我和周边朋友都羡慕的人。她从大学毕业就直接嫁给了富豪老公，直接做了全职太太。当我们都灰头土脸地被老板骂着，在路边吃麻辣烫充饥的时候，她天天游山玩水，到处潇洒。那时候的我们都觉得，她简直是人生大赢家啊，我们怎么没这么好命呢？幸好大家都不太熟，否则还不得嫉妒死。

十年过去了，圈里的几个朋友各自奔天涯，但大家在世界各地都有了自己的事业和新生活，日子越来越好，一起在群里聊天的时候，免不了各自秀存在感，各自显摆自己事业的最新进展。但我们曾经羡慕的她，却渐渐从我们的谈话中消失了。

只一次，朋友说她在闹离婚。她们依然很有钱，但一个人十年没有任何的努力和进步，不一定要赚钱，哪怕学点小技能的进步都没有，再有思想的内心，都会荒芜。

缺钱并不可怕，因为随着时间和才华的积累，每个人都会赚到钱，但理想和志向不是，它只会随着我们的努力不断明晰，成为我们行走于世界越来越笃定的力量。一个人刚毕业的时候没钱一点问题都没有，但十年二十年之后，你还是个一问三不知的样子，别说夫妻关系，就是朋友也很难不嫌弃你了。

一个女性做什么事并不重要，重要的是心里还有志向，还有理想。我身边有很多做全职太太做得让我很佩服的人，也有很多职场女强人让我觉得她们每天都在闪光。即使结了婚，有了孩子，老公有钱，孩子可爱，但她们依然有自己的想法，有独立思想和志向。她们从未觉得自己有了好老公就可以歇着了，相反，她们觉得思想的独立，比经济独立更重要。

在这里引用一句话：普莉希拉都没停止过追求自己的人生价值，她要走的路和扎克伯格没什么关系，但他们都在进步和成长。

你说这样的关系，美吗？

● 30 岁之前的努力程度，决定你 30 岁之后过怎样的生活

越到年纪大，越发现行动的重要性，回顾过去，我也会为自己曾经的异想天开感到可笑。30 岁之后，周围事业有成的人越来越多，连吃个沙县料理隔壁桌都在谈融资。当然也越来越相信那句话：30 岁以前的努力程度，决定你 30 岁之后过怎样的生活。周围也越来越多的人印证了，无论 20 多岁的时候拥有过怎样不堪的背景，过过怎样辛苦的生活，30 岁左右事事圆满，成为人生大赢家的人大有人在。

以前觉得 30 岁就定了以后的日子太过草率了，难道 30 岁以后加油就不行了吗？等到了 30 岁之后才发现，30 岁是一个坎儿，青春年少一人吃饱全家不饿的日子一去不复返，取而代之的是房子、车子、孩子、教育费，一堆堆的账单只能让你马不停蹄地往前跑。想要甩开膀子不管不顾再去奋斗什么的，不是不行，只是要顾虑的东西太多太多了。

想想周围的人生大赢家们，30 岁之前他们都跟疯子一样地忙，不断地东捣鼓西捣鼓，没有一刻停下来。他们喜欢实践，他们喜欢忙着，他们喜欢不断地尝试新的东西。你别说，他们真都是这样的。

所以，**年龄并不是决定一个人未来生活品质的关键，行动力才是。**

经常有人问我："我性格内向又不爱说话，是不是很影响我的前途，该怎么办？""我有孩子了，想当全职妈妈，但就没了收入，该怎么选择？"

　　我觉得性格内向就去找本教你如何改善性格的书，或者带你锻炼沟通能力的书，照着去做，三本书下来保证你改善一大半。

　　我周围全职妈妈没时间做大生意，但卖自制的酸辣粉、小面条、香肠、肘子的啥都有，朋友圈里一传十十传百，保证你每天至少能收入一两百块。我还老买一个妈妈做的酸辣粉，乐此不疲地吃了很久（现在她不做了，我好久没吃那么刺激的酸辣粉了）。

　　这些事没什么可问的，问了也白问，没人能预知未来。只能是自己行动，走一步看一步。

　　其实大多数人问问题，并不是要求一个答案，而是要求一个心理安慰。因为踌躇不前，必须找到百分之百保证才行动的人，总会找到100个理由表明这个方法对我不奏效，或者我再想一想。可你真的不知道该怎么办吗？其实你真正想问的是："如何能让我不用付出太多、不会有损失、也不丢脸就得到想要的一切，因为这些我都承担不起，我就想要舒舒服服地，还能全部得到的生活。"

　　每个人都说，我不想看鸡汤啊，鸡汤一点用都没有。

　　但励志的市场依然庞大无比，为什么呢？

　　因为只会想，不行动的人太多了，迷茫从小溪变成了海洋。

　　给你精神指导，你说睡一觉就没感觉了。

　　给你方法论，你说太难执行了，你就是那种天生很爱睡觉的睡神。

　　给你推荐书，你说太厚了看不完。

　　给你讲写作，你说写了十来篇了还是没人来看怎么办？

给你个榜样的力量，你说那人肯定爹妈有钱。

给你个勤学苦练的例子，你说太辛苦了身体不好会过劳死。

那你说，你是要怎样？

大多数人只会抱怨，觉得自己学错了专业，找错了工作，跟错了老板，生不逢时，命运多舛。其实，根本不是这档子事。

我有一个朋友是编剧，29岁开始正式做全职编剧，31岁到了美国迪士尼工作。她的作品价格很高，即便在29岁之前还是兼职编剧的时候，也赚钱不菲。周围的朋友听说了，纷纷来问："做编剧这么赚钱啊，那我也想做，我现在做还来得及吗？"其实不论多少岁开始做都来得及，可一提起先要读多少本书，看多少部电影，还可能遇到骗子拿不到钱等，大家就纷纷打了退堂鼓。

朋友圈里曾有这样一句话："哪个表面高大上的工作背后不辛苦？"无论做什么事情，刚入门都是很辛苦的，能钻进去，度过最艰难的时候，才能越来越顺利，这跟减肥其实挺像的。入门看似简单没门槛，但积累的过程会产生大量的痛苦，需要坚持、忍耐、承受孤独和不被人理解的苦恼等。当然，等你越走越深，看到越来越多旁人看不到的美的时候，才能越来越顺利，也才能脱颖而出，成为佼佼者。

这个过程，很长很远，大多数人坚持不下来。所以大多数人只是抱怨自己命运不济罢了，其实大家的命运都一样，只有少数人一直在行动，大多数人一直在叨叨罢了。

●女性追求自己的爱情，怎么就不自爱了？

曾几何时，周围很多人对我突然结婚，甚至突然有了孩子大跌眼镜，大概在所有人眼里，我一定也肯定是被剩下来的一个剩女。刻薄，犀利，挑剔，有点小才华，赚的钱足够养活自己和全家，刻苦努力拼命是我的标签。男人于我，似乎帮不上什么忙。

每次被问起如何跟老公在一起时，我总会立刻回答："我追的。"然后给对方一个"有什么不可以吗"的微笑。回应我的，永远是空气凝固般的瞠目结舌。我也以为我会被剩下来，或者去相亲找一个不太喜欢但凑合的男人过一生。命运没有给我一个合适的好男人，但让我认识了一个我想要据为己有的男人，然后全靠自己去追。我是一个勇敢的人，这不仅体现在生活与工作中，也同样体现在爱情上。

那时候我写过一句话："这也许是我人生唯一一次主动追一个男人，如果失败了，我也没什么遗憾，这是我青春里做的最重要的一件事，之后我会没有任何遗憾地去过柴米油盐的生活。"我主动约他看电影，去吃饭，去看演唱会，去唱歌。我们的爱好和三观差距很大，我们对生活的态度与性格也不尽相同，他的生活经历比我复杂百倍，在世俗看来我找他那我就是傻，可那又怎么样呢？我记得我与一个从国外回来找我吃饭的朋友讲了这件事，她非常激动地跟我说："太棒了，这在国外根本不是问题，你一定要把他追到手，这一定是一件幸福的事！"然后抱着我摇了半天我的肩。

有一次看电影，他跟我说："我觉得你不会留在我身边，有一天你一定会飞走的。"我难过了一整场电影。结婚之后我问他为什么这么说，他说："我觉得你就像我生命里的昙花，特别美。因为太美了，我害怕失去。"

再后来，他也开始勇敢地接受我的爱，我们结婚了，很快有了孩子。即使第一个孩子一岁了，我也依然没有办婚礼。因为我想等老二会走路之后一起办，带着儿女一起结婚，能来的都是真朋友。

当然，写这么多不是为了秀恩爱，而是最近看了一个视频，大意是说，上海那么多单身女孩，不是不想结婚，而是没有合适的，不想为了结婚而结婚，单身也能拥有很好的生活，女性应该有自己独立的美。这个视频瞬间在朋友圈被刷爆，几十万人一起流泪转发的同时，你有没有想过，女孩为什么会剩？是她们太挑剔或者是她们没有社交圈子？错，是因为无法勇敢地打破思想的桎梏，去尝试和追求爱情，不敢承担失败的痛苦，为什么这么说呢？

因为我记得那些人得知是我追的我老公之后，瞠目结舌的表情！

他们告诉我，这个世界虽然每天叫喊着男女平等，女性独立，女性自由，但从不给女性勇敢追求爱情的空间。这个世界允许女人成为高管，赚很多钱，顶起四分之三个天，但女追男这事依然是不自爱、自降身份的表现。女人，特别是你越优秀，就要越矜持，要自爱，等待白马王子来到你身边。无数的爱情导师也告诉你，你要像女王一样高高在上，让爱你的那个人为你鞍前马后，跪舔你的高跟鞋，这样你才是人生大赢家。爱情里，谁先动手谁先死，你那么优秀，值得等待更好的男人。否则，你就是不要脸，就算你结了婚，也肯定是个在家受气的小丫鬟，你家男人肯定甩都不甩你。

结果呢？就是优秀的女性越来越不敢主动出击，男人也不敢追求优秀的女孩子，大部分优秀的女生就剩下了。然后整个家族都来问你：你怎么还没有对象？你是不是有什么病？

周围总有人悄悄地问我："听说是你追的你老公！那结婚以后，你老公对你好吗？"

你看，越来越多的社会机构，公益团体在为女性呐喊，经济与思想独立的女性越来越多。中国女性可以问为什么女性不可以成功？为什么女性不可以做高管？为什么女性不可以成为社会领袖？但唯独不会问为什么女性不可以追求自己喜欢的男人？为什么女性不可以在爱情面前为追求而摔倒？为什么这个社会强加给女性的职场偏见我们都可以抵抗，但唯独在爱情与人生上的枷锁我们从来不挣扎？

现如今越来越多的女性不需要依附男人而存在，不需要以男人定义的标准来过自己的人生，也因此，男人女人在爱情上拥有着同样的追求与失败的权利。**勇敢追求想要的一切应该是现代独立女性的标志，这包括工作、生活与爱情。**这个价值观不仅仅应该由全社会来认同，更需要女性自身去信仰。如同职场困难会让你更强大一样，在爱情上勇于出手，每一次失败也会让你更加了解自己，更快地抵达幸福的彼岸，而不是对着视频流着眼泪自怨自艾。

我们不为结婚而结婚，而为幸福与爱情结婚；

我们可以选择单身，但不是被剩下；

如果看到了好男人让我们不再想单身就勇敢地去追求，而不是站在他身后等着他转身并在茫茫人海里看到自己；

我们都是独立而自由的优秀女孩；

我们每一个人，从心底都向往爱情，并渴望一生不变。

全世界的独立女性想要改变命运，并不是从"好吧，我接受单身被剩，一个人生活也挺好"开始，而是相信：女性追求自己的爱情是勇敢，是独立，并不是不要脸。

最后引用朋友圈同事的一句话作为结尾："去人民广场相什么亲，赶紧穿上 Prada 去美丽的城市，找个心爱的男人谈恋爱才是正经事。"

第二章
相信自己，
你的潜力远大于当下

人的潜力是无穷的，
不要给自己的人生设限。
你的潜力，
要远大于你当下所取得的成绩。
想办法挖掘你的潜力吧，
你将来的成就，
会让现在的你震惊。

●一个小地方出来的中专女生，现在一年赚一百多万

••很多人以为简单的东西，其实并不简单。

之前买了个升降晾衣架，周六早晨 8 点师傅来上门安装。师傅手脚特别麻利，三下五除二就量好了距离位置，开始打孔钻眼，看得我一愣一愣的。我问起师傅这个活儿干多久了，做得像一场表演，给我三天也架不起来。于是他的话匣子打开了。

师傅说他从 2004 年来北京就做这个装升降晾衣架的活儿，到 2016 年已做了 12 年了。很多年轻人刚来北京都把这个活儿作为一个跳板，做几天觉得赚不到什么钱就跑去干别的了。他不这么认为。他觉得这个活儿特别好，纯技术，也不需要什么太大的力气，唯一需要的就是手臂的力量，因为总要举着架子抬着头工作，他管这样的工作叫"天工"。这行业很少有做的时间久的人，但做久了才能说有经验。比如他，什么样子装修的家庭都见过，木质的，吊顶的，阳台还是窗台材质结构是如何的；每一种环境，安装方法都是不同的；摇柄的位置不同，拉线的方法也不同，这些都是经验，他看一眼就知道了。很多年轻的工人以为这个很简单，不愿意做，但到了客户家里一看情况不对就打电话给他。还有的客人觉得简单自己装就行了，结果好几天装不上又打电话来报装。其实技术工作就是这样，靠手艺靠经验，很多人以为简单的东西，其实并不简单。一项工作干得深入了，才能看到里面的门道，当然，赚钱也才能越来越多。

提起赚钱，师傅挺腼腆地笑笑，反正在北京打工这么多年，给儿子买了房子买了车让儿子结婚了。在他们村里，儿子27岁才结婚，算年纪很大的，但儿子喜欢读书，那就让他读呗。我问他现在他儿子是做什么的。他笑笑说："就是个教书匠。"我说："老师多好啊，一定很体面的。工作家庭都稳定了，多好。"他笑笑说："嗯，挺好的，我在外面想起来儿子都安稳了，挺高兴的。村里人都说没必要给孩子买这么多，我觉得我一个当爹的，赚钱不就给他吗？他好我才能安心。"

••你买房了吗？

前段时间我撞了车，在4S店里等拖车的时候，跟门口的保安聊了起来。保安是个30岁左右的年轻人，戴个大檐帽，眯着眼睛，胖胖的，笑眯眯的。聊了一会儿他突然问我："你买房了吗？"我有点蒙，不知道什么意思，蒙蒙地回答他："买了，怎么了？"

他说："那你不错，我也买了，在通州。"

说这句话的时候，他声音很大很骄傲，我才知道他问我买房了没有，只是想把自己买房的事说出来。紧接着他又说："我把老婆孩子都接过来了，我们都一起住，老婆在家看孩子，我打工。你看我经常早晚班一起上，不怎么回家。多挣钱，男人嘛，对不对？"

他一直在说，后面说了什么我忘记了。那天太阳太大，我们就站在外面的水泥路上，顶着阳光，看他眯着小眼睛滔滔不绝。我不知道他之前做过什么，也不知道他攒了多久的钱，也不知道买了通州哪里的房子。或许我们都会觉得，一个保安买得起北京的房子，这不是骗人吗？但旁人信不信都无所谓啊，他自己的努力，给了妻儿一个安稳的家，很幸福很骄傲，就足够了。

那天在 4S 店里，这是我听到的最感动的故事，一直念念不忘。

••她现在一年赚一百多万啊！不行，让我静静！

有次熊猫跟我说，我们共同的朋友大王在闹离婚，原因是觉得媳妇不顾家，不管孩子。我听了目瞪口呆，可别逗了，大王虽然是我们的朋友，可离婚这事儿我们可为姑娘打抱不平了。

大王比我们大十来岁，每个月赚个三四千块的，成天靠父母接济他。父母一看儿子条件不好，老也找不着媳妇儿，于是托人从老家说了个媒，姑娘比我们大不了几岁，来到北京，跟大王结婚了。大王的薪水不高，全家人都住一起，姑娘在公婆眼皮子底下日子也不好过。没过两年，媳妇儿生了龙凤胎。俩孩子生下来之后就被公婆霸占着，公婆觉得她小地方的人，养不好孩子。

小媳妇一看这态势，就把全部的精力用在了工作上。一个中专生，从小没出过自己县城，来北京也找不到太好的工作，于是开始卖衣服，后来攒了点钱在秀水卖东西给外国人。一来二去，她觉得外国人的行当可以做，于是开了一家小公司专门给外国人办在华签证的续签工作。我也不懂这项工作里的门道，反正后来姑娘也老去美国，慢慢做起了赴美买房、赴美医疗之类的中介工作。

我问熊猫："那姑娘现在怎么想的?"熊猫翻翻白眼说："姑娘不想离婚啊，好歹是个家，再不好也是个家。不过那姑娘现在一年赚 100 多万，还年轻着呢，真离了照样嫁人生孩子啊。哎呀不行，一想到这个妞儿一年赚100多万，我得静静。"

我突然很想认识下这个传说中的姑娘，我想知道这些年，她都是怎么奋斗过来的，光想象一下其中可能有过的难，都让人心生敬佩。

他们三个人，就是一个城市里最普通的三个小人物。我跟他们都不熟，也没听过他们个中奋斗的历程和艰辛，但看到他们今天满足骄傲的样子，我能想象出很多。**他们没我们学历高，没我们背景好，也没什么所谓的平台和起点，连抱怨父母不给力或者社会不公平的机会都没有。他们取得的成绩，在我们看来可能什么都不是，或者是我们唾手可得的东西，但我就是觉得特感动。**

他们比不上电视里、杂志上的成功人士光鲜亮丽，也不是多有钱多有势，但都值得人尊敬。不是因为他们赚了钱买了房买了车，而是因为他们默默努力，嘿嘿一笑的样子。他们努力为自己、为家人、为孩子奋斗又对生活充满希望的样子，特别美，又特别感人。

生活在物欲横流的世界里，习惯了闻香识人，但总有一刻让你觉得，有些人，无论他们穿的什么衣服，背的什么包，打扮得怎么样，学历高不高，你就想把他请上最好的座位，献上一杯热茶，认真地听一听他的生活和故事。

因为他们的故事，不装，真实；

让你觉得心里踏实，又久久难忘；

他们的成绩并不斐然，故事也并没多励志；

但就是让你感慨万千，想为他们真心鼓掌。

●有一种人，离他们越近你越值钱

有段时间家里准备装修，身为设计达人的老公问我要什么风格。我是个没什么风格偏好的人，看见什么都想要。如何把我想要的都融为一体，还要美，让老公为难了很久。

后来有一天，老公非常欣喜地跟我说："我终于知道你要的是什么风格了！你还别说，就因为你的挑剔，让我打开了一扇新的大门，了解到了一种全新的风格，这多亏你的挑剔啊。"

这句话突然提醒了我，让我想到了实习时候的一件事。

我刚开始实习的时候，客户是一个香港老太太，严厉、苛刻，甚至有点神经质。

当时我的工作是做每个月一次的 MOOK 杂志。我没做过，更不知道什么是 MOOK，香港人的审美我也不太了解，内容嘛更是啥都不知道。我几乎每个月都要花 20 天（对，一个月就上班 22 天，我就用 20 天）时间干这一件事。

每个月最让我崩溃的是最后交工的前几天。我觉得都按照要求做好了，但老太太每次都能找到新毛病，不是字体要换，就是颜色不搭配。等我都改好了，又找出来新毛病，这还有完没完了！周而复始，态度还很不好，好多次在电话里直接咆哮："这是专业，专业！你们不要随随便便地敷衍我。今天敷衍我，明天可能敷衍别人，你们的整个人生都会很随便！"

有时候老板怕我扛不住，陪着我听电话挨骂。每次我们都无力地趴在桌面上，盯着电话想："写个MOOK都联系到整个人生了，她怎么还不退休啊！"

渐渐的，我发现好像每个月月底没那么难过了。对，因为老太太的批评越来越少了。我已经了解了这个MOOK的所有风格、内容、配色以及细节要求。基本上我每次的提交都可以只修改一到两次就通过了，不会再没完没了地挨骂和返工了。

当后来有天这个项目不再需要我做的时候，我才发现，因为老太太的挑剔，我的进步太大了，虽然我自己从没有意识到。正因为老太太的苛刻，我自己都变得对自己苛刻了起来。

职场当中，或者任何事情当中，我们总会骂客户是变态、别人是傻子，以前我上班的时候，也总觉得自己写得这么棒，都把自己感动了，为什么客户理解不了？为什么客户觉得我跑偏了？为什么客户要把我写得最好的部分删掉？

后来有段时间，我翻出所有工作的过往文件才发现，被客户改正的东西，真的比自己当初写的更加靠近主题，逻辑也更加顺畅。那些被改过的提案和内容、排版，都比以前漂亮了100倍。但当初改的时候，真的是一边改一边骂，一边加班一边生气，觉得客户只管动动嘴提意见，哪管我加班到后半夜回不了家？

可自己的进步，就是在这一点一点的时间里被逼出来的，自己都感觉不到，原来我可以做得这么好。

人生很多时候，我们都会被人逼着。考分不够高，弹琴不够好，PPT做得不够美，提案讲得不够完善。很多时候不是我们已经做得完美了，而是自己懒，不想再改了。

即便是现在，也经常会遇到挑剔的客户，但我已经学会了，当客户有了不同意见的时候仔细想想，客户说的是不是更有道理，我做的偏差在哪里，跳出自己的小世界，站在第三方的角度看一看，为什么客户会提出这样的要求？每次都这么想，每次都发现果然是自己想得不够到位，还是客户比我厉害很多。

我一直记得那个老太太，一直很感谢她，在我的职场生涯里，是她让自以为特别优秀的我，找到了自己的短处和进步的空间，让我知道**挑剔是让一个人进步的助推器**，能把人逼到自己都没想过的地方。

时过境迁，我也变成了那个挑剔的老太太，经常苛刻到把周围的人逼疯。一个小数点，一个配色，一个格式，一个表格与word文档，稍有不如意，就必须改改改。有时候我觉得我是不是太苛刻了，这也不是什么大事儿。但每次看到精湛的作品，以及同事们越来越漂亮的工作成果，总觉得应该还是有意义的吧。我们不可以让自己成为随随便便的人。

人生的每一次挑战，别人看似的较劲，其实都是给自己一个更加精湛的机会。我现在发现了这一点，也开始利用这一点，让自己变得更好更完美。我不会再抱怨别人是傻子，为什么不懂我的美，其实最傻的人是自己。

没人给你提意见，才是最可怕的事。

●不懂这一点，你就永远只能是个疲于奔命的打工仔

朋友跟我吐槽，新招的助理让他无时无刻不想开掉——做事完全没有脑子，说一就做一，绝对不会主动想到二，甚至连一都做不好。订酒店经常让自己站在酒店大堂发现没有订成功，订机票到了机场发现刷不出来机票。简直不知道是为什么，能差成这样。

我也做过助理，在做助理的第一天，我看过一个买土豆的故事：

张三和李四同时受雇于一家店铺，拿同样的薪水。一段时间后，张三青云直上，李四却原地踏步。李四想不通，老板为何厚此薄彼？

于是老板说："李四，你现在到集市上去一下，看看今天早上有卖土豆的吗？"过了一会儿，李四回来汇报："只有一个农民拉了一车土豆在卖。"

"有多少？"老板又问。

李四没有问过，于是赶紧又跑到集上，然后回来告诉老板："一共40袋土豆。"

"价格呢？"

"你没有叫我打听价格。"李四委屈地申明。

老板又把张三叫来："张三，你现在到集市上去一下，看看今天早上有卖土豆的吗？"

张三也很快就从集市上回来了，他一口气向老板汇报说："今天集市上只有一个农民卖土豆，一共40袋，价格是两毛五分钱一斤。我看了一下，这

些土豆的质量不错，价格也便宜，于是顺便带回来一个让你看看。"

张三边说边从提包里拿出土豆，说："我想这么便宜的土豆一定可以挣钱，根据我们以往的销量，40 袋土豆在一个星期左右就可以全部卖掉。而且，咱们全部买下还可以再适当优惠。所以，我把那个农民也带来了，他现在正在外面等你回话呢……"

我做助理的时候，每天都心惊胆战的，老板是大 BOSS，生怕有什么地方想得不够多不够仔细，还得劳烦老板提点我。我对自己的要求是，永远不能跟老板说"你没说，我就没做"，看起来自己挺有理的，其实是自己的失职。都说助理是个小岗位，有点像秘书，但我在客户公司见过一位特别棒的助理，把我对助理的认知刷新了十个高度值。

第一次跟客户开会的时候，客户老板坐着一句话不说，一直是助理在和我们讲话。一看就是特别明白老板的意图，她说的一切就是老板想说的想做的。中间老板说了两句话还不够准确，小姑娘更正了两次，客户苦笑但又不失骄傲地说："以我助理说的为准。"

早就知道优秀的助理简直就是老板的代言人，但没想到真的有这样的人。

后来跟客户助理熟悉了，我问她怎么做到这么优秀的。她跟我说："我刚来的时候，月薪 4000 元。有一次要做的事老板没说，就怪我为什么没做。我提出辞职，因为老被老板追着做事情，感觉特别累，每天心烦气躁的。老板告诉我，助理的工资可以高到你想不到，你的薪水翻十倍都不是问题，但首先要做得好。看看隔壁总裁的助理是怎么做的，她已经跟总裁做了十年助理了。

"我观察了很久，经常跟总裁的助理姐姐吃饭讨教，她的职场秘诀就两个字——主动。

"主动想在老板前面，主动做在老板下指令之前，永远带着老板往前跑。这样自己永远有一种成就感和主导权，心情特别爽，工作起来轻松不累，老板也特别信任。

"后来我知道了主动不仅仅是一种行为，其实是一种思维方式，这也是打工者和老板的最主要区别。很多人的工作都是老板推一把做一下，老板不推就不动。这样的人，永远没有全局观，也永远只能打工，还是工资很低的那种。因为你想的永远是，你是一个打工仔，何必要用心？但实际上，**我们应该像老板经营公司一样经营自己，像老板一样管理自己。**自己带动自己往高处走，而不是到时间就找老板要升职加薪。凭什么老板天天走在刀刃上赚钱，你就该躺着在家数钱?"

很多人觉得，职场是老板的，因为老板赚大头，我就赚几千块，当然不能拿着卖白菜的钱，操着卖白粉的心，不然自己就亏了。

职场上计较得失的人，失的永远不是老板，因为你有太大的可替代性，换了你就行了。失的最大的，是你自己。把大好时光都用在了跟老板赌气上，不懂这一点，你永远只能是个最廉价、最辛苦、最疲于奔命的打工仔。

可能有人会说："我老板什么都不会，就会指挥我干！我为什么要给这样的人打工?"

无论遇到什么样的老板,你都是在为你自己干。如果真如你所说,老板什么都不会就你会,那你怎么不是老板?退一万步说,老板真的什么都不会,你都会,那老板岂不是越来越离不开你?难道这不是大好事?

月薪 4000 元和 4 万元的差距很大吗?其实并不大,无非是多想一点,多做一点,但你若连这一点都想不到、做不到,那你可能连 4000 元都拿不到了,被开掉的人,就是你。

● 努力不一定让你成功，思维方式才决定你的命运

我经常收到一些类似的问题，大意是说，觉得自己挺努力的，工作勤奋，从不迟到，下班后看书、健身、写作一个不落，可为什么自己总看不到一点点成果，工作一直没得到升职加薪，也没有人欣赏自己，天天坚持写作也没什么人来看，不是说努力坚持就能成功吗？

以前我确实觉得，只要努力就一定能成功。但年纪越大，看到的人与事越多，越发觉得努力不一定让你成功，思维方式才能决定你的命运。俗话说，态度决定行为，行为决定结果，而这个"态度"就是最重要的思维方式。成年人的思维方式，直接决定你的未来走向，而不仅仅是熬多少夜，吃多少苦的问题。

·· 他那么无能，凭什么当领导？

有段时间，我们组换了一个新领导。这个领导总把客户的疑难问题推给我们处理，加班也不怎么出活。某次领导又不负责任地把客户的疑难问题转给我处理，我有些崩溃了，于是跟同事吐槽："如果这些重大问题我们都处理好了，到底要这样的领导干什么啊？功劳都是他的，点灯熬油辛苦工作的都是我们，凭什么啊？"

出乎我意料的是，同事很平静地跟我说："第一，越是这样的领导，其实越是锻炼我们的能力，如果领导太能干了，那我们只能打杂了。第二，抱怨

没有用，职场不满意就两条，要么走人，要么忍着，可是走人就一定遇得到好领导吗？第三，他能上到这个位置，一定有自己的过人之处，只是我们看不见而已。我们因为不满意就能得到升职加薪？还是说自身能力有所提高了呢？都没有。反倒是我们应该加强自身能力，再把领导的一身本领学会，这才是正经事。"

当时我在电脑前非常震惊，天哪，字字珠玑，句句真理啊。仔细想想，这个领导虽然能力不强，但是特别会关心照顾下属的个人生活，谁有个头疼脑热的准会嘘寒问暖立刻准假；这个领导与客户间的沟通能力特别好，很多已经不再合作的客户都会经常跟我们提到他；这个领导对我们有求必应，我们需要什么立刻批准去买；这个领导特别接地气，不会高高在上，经常带我们吃喝玩乐。以前，我们都觉得他这么好是因为自己能力不行要巴结我们给他干活，现在一想真想扇自己一巴掌。

我们很多人都是这样。

看起来自己很努力，天天加班，点灯熬油地累死累活，但思想上故步自封，满身怨气，总把自己想成宇宙第一，努力也总带着怨气和自傲，永远看不到别人的优点，也更谈不上取长补短。

••马云不是名校出身，不也照样当首富？

我曾写过一篇文章《名校和非名校最重要的差距，悄悄影响着我们的一生》，好几个人跳出来说："上名校有什么用啊？马云就不是名校，但他现在很成功。"

每次写"女生一定要自己努力，提高自己，经济独立，想找什么样的男人，首先要自己达到那个层次"的时候，总有人跳出来说："谁说女生一定要有知识要经济独立？我邻居 XXX，收入还没我高，照样嫁入了豪门，你怎么知道我就不行？"

每次看到这样的言论，总会觉得"能能能，你们都能，你们不仅能当首富、嫁豪门，还能上天"。

马云不是名校毕业，但他有非人般的意志、坚持不懈的精神等一系列的优秀品质，你除了不学无术还有什么？

你邻居什么都没有就能嫁入豪门，你怎么知道她没有自己的过人之处？搞不好人家救过富豪爸妈的命呢？

很多时候，你没开始努力就先开始意淫了，总用身边的极端案例照亮自己不学无术的人生。只要身边有人出门买彩票中了大奖，街头转角遇到豪门之恋，学习一塌糊涂当上土豪，就笃信自己烂成渣也会好命，并开始无休止地幻想自己的美好人生。

很多时候，你仅仅能看到事情的表象，对真实的原因，比如别人的优点、品质、精神视而不见，可你们的差距，就差在那点视而不见上了。

只看别人富，不看看别人的思维和努力程度；总想做大事，没机会就是社会不公平；总看事物的表象，就开始意淫自己的美好人生。

畅想了这么多年了，你要有这好命，也该有点成功迹象了吧。

•• **你要把这个精神用在工作上，早当了 CEO。**

最近我收到了三五封感谢信，都是一些网友发来的，感谢我三五个月之前在微博上推荐了一个英语学习平台，这么久学下来，提高特别快，工作都有了新机会，内心非常激动，特别来感谢我。

我才想起来，因为自己学了一年，感觉简单有效，性价比超高，所以经常在微博推荐。但每次推荐的时候，总有人说"打广告""缺钱缺成这样了""网站给了你多少钱啊""这网站还要收钱啊"……

这些非常细小的点，给了我很大的震撼，这不就是一个特别明显的思维方式不同带来不同结果的最好例证吗？有些人，默默地把每个学习资源都记录下来，自己去尝试，适合自己的就默默去坚持，三五个月之后，让自己得到了进步。其中有一个女生，每节 25 分钟的课都能写成一篇文章，详细地记录今天跟外教聊了什么，自己说错了什么地方，如何更正的。她正怀着老二，老大年纪也还小。每次总结完都发在微博上圈我一下让我看她的进步。虽然我很少回复她，但每次都被她的认真所感动。这样的人，学不好都难。

有时候会有人问我："你经常说要进行自我投资，参加各种培训学习，这些培训你都是在哪里找到的？"

我随便说了几个，过几天有人回来跟我说："你说的都是收钱的，我穷，有没有免费的？"或者有人报名了，学了几天跟我说："你推荐的是什么啊？客服对我一点都不耐心，到点就下班了，我的问题还没处理完，就不能加班吗？"

总有些人：

对身边的学习机会从不积累，张口就要免费的；

思想保守，看到新生事物都觉得是在骗钱；

只要免费就拼命要，把免费服务当有偿，把有偿服务当自己的超级 VIP 一样；

交点钱当了一回消费者，就恨不得自己是天王老子全世界都要围着他转；

你要把这个无敌执着的精神用在工作上，早当了 CEO 了。

学生时代，很多人都很努力，天天哼哧哼哧的，但成绩就是不行。但总有些人，善于总结和举一反三，做一套题顶你做十套，天天打着篮球还能考第一。以前我们总认为这样的人是聪明，后来才知道人家都做了一件事——总结与思考，而不仅仅是点灯熬夜这么简单。同样的老师，同样的班级，思维方式的不同，结果大不一样。

为什么大家都挺努力上进的，但人在社会上走，走着走着就走出了差距？为什么大家都是一样的人，但总会有一些人出类拔萃，另一些人格外平庸？难道仅仅是努力程度不够？

在我看来，是思维、格局、视野决定了一个人在社会中的走向。我们努力上班赚钱，不仅仅是为了变成有钱人，买房子、买车、吃喝玩乐，更重要的是扩大自己的视野和格局。一个人只要见过好的，就不会再接受哪怕只差一点点的。人会努力都因为心中对美好事物怀有强大欲望。**一个人有了视野和格局才能有思想，有欲望才能心甘情愿地努力。**

　　表面上你很努力，而实际上你的格局和视野只能让你看到自己的一亩三分地，你感动的只有你自己：无休止地寻找有没有什么捷径能让自己快速成功还一劳永逸，却从来没专心过一小时；天天喊着要努力，稍微多付出一点就心疼自己到不行，但总挤对别人的拼命努力；看到别人成功，总觉得别人有不可告人的干爹和背景，反正都不是靠自己；天天点灯熬油地努力，从来不肯抬头停下来多想想多看看别人的方法。

　　曾看到过一个老师的留言：看得见的叫差距，看不见的更是差距；意识到的是差距，意识不到的更是差距。所谓看不见的和意识不到的，其实就是思维方式的差距吧。

●你和牛人间的巨大差距，竟然是因为……

总有人问我："星姐，你文章里写过那么多的牛人，他们有微博吗？有公众号吗？能给我分享学习下吗？""星姐，你提到的那么多牛人他们都怎么学习的，能问他们要点学习资料和方法吗？"……

恕我直言，很多资料，你拿到也没有用，你看十遍也没有用，因为你跟那些牛人差的并不是学习资料的多少，也不是没有按照他们的生活方式和生活内容来过，而是学习与生活的态度和精神。一个人内在的精气神，决定他能取得多大的成就，不是是否看了某一本书，或者用了什么学习大法。

其实这个问题我研究了很久。因为总会收到很多小朋友的来信，诉说自己工作和学习中的各种苦恼。起初我以为是简单的方法问题，还经常找各路牛人咨询了方法来回复。但时间久了我发现，方法根本不是什么问题，关键是内心的精神。倘若内心并没有一些诸如坚持、忍耐、不服输、乐观、勇敢的品质和精神，做什么都不会有太大的成就，都会一直处于失败和自怨自艾当中。

我就用最简单的学英语来举个例子。

我有个好朋友叫考拉小巫，之前是伊甸园字幕组前任影组组长，她参与字幕制作的电影和美剧包括《越狱》《当幸福来敲门》《憨豆先生的假期》《加勒比海盗3》《遗愿清单》等。高考英文很渣的她，在大学时候苦读英文，考取了美国圣路易斯华盛顿大学社会工作专业的硕士学位，目前专攻精神疾病健康及临床心理咨询与治疗，同时还出了两本畅销书，还是专栏作者。毕业于美国著名学府的她，现在已经结婚生子，与老公一起奋斗了几年，买了属于他们自己的大 house，有了一个可爱的混血小宝宝，生活幸福而有干劲。

很多人问她学习英文的方法，我以前也觉得一定有什么特别的方法吧，毕竟大家都学英文这么多年，她能流利如母语，咱大部分人就不行。后来我读了她的第一本书，发现她所谓的学英语方法，其实就是勤学苦练，并没有什么特别的捷径，比如为了记单词，她时刻带着单词书，甚至在食堂排队打饭也拿出书反复记诵；为了训练听力，她每天清晨不到 6 点就强迫自己爬起来抱着收音机到楼道里听 VOA。不断敦促自己"坚持"和"反复"，因为英语是一种能力，任何一种能力都要经过长期的训练，长期的反复，才能夯实你的基础。当然，她的书中还写了很多她在美国求学实习的故事，这些故事让我看到一个特点，那就是：**成功需要不服输，需要乐观的精神，你需要成为打不死的小强，无论遇到什么困难都要咬牙坚持，给自己加油鼓劲儿，相信自己一定能行。**

你看，同样是学英语，资料买了不少，单词书也一本本刷，看似挺努力的，但是这股子不服输，努力坚持，深信自己一定行的精神你有吗？没有，大部分人只是每天哭叫"我背不会单词啊，有什么好办法啊"，其实你不是缺方法，也不是缺资料，更不是人家看了什么你没看到，你只是缺乏一种坚持和追求细节的精神。

考拉小巫曾经说过一句话："其实没有诀窍或捷径，你只要找一个适合自己的学习方法，并一直坚持下去，就一定能提高。"可能你不信，但这就是学习方法，只是大部分人学英语还是囫囵吞枣，投机取巧，希望能有捷径或者秘法让自己一飞冲天，变成高级翻译人才，对吗？

最近认识了一个妈妈，有两个孩子，特别关注孩子的教育。北京城里的大小国际学校都让她研究得透透的。她可不是全职妈妈，也不是工作不忙闲得没事儿干。她是个挺有名的造型师，每天早8点到晚10点都要站在店里给客人做造型，很多明星都是她的常客。她自己组建了教育群，跟很多关注国际教育的家长一起分享，她一说话你就能发现，她对孩子的家庭教育和未来都很有自己的见解，一听就是下了功夫研究的，纯干货，特别让人佩服。

有一次谈起年轻时候的奋斗历程。她说自己刚毕业时候就是四联美发的理发师，一个月200块钱，爱干不干。很多当年的小伙伴现在早已不知去向，她一直坚持了十多年，不断突破自己，坚持着努力着，才有了今天外人看来牛气的一切，以及看起来一天就能轻松赚别人一个月薪水的收入。她在自己年轻的时候买了房，那时候欠钱几十万，硬是逼着自己一年还清，现在那套房子房价翻了不止十倍（别说当年房价低不低的问题，当年她的月收入还只有200块呢），可这都是她一小时一小时地站着做造型熬出来的。

我们经常晚上在群里聊天，一般都是十来点钟她才下班，刚坐下喝口水，立刻就会加入到我们的讨论中来。

我虽然跟她只是认识，并不熟悉，但从她对孩子教育的认真执着和研究的精神里，我就知道她所说的自己的奋斗史一定是真的。我也特别佩服她，我到现在还天天等着她分享，懒得自己去研究呢。

难道我不知道孩子教育的重要性吗？难道那些学校都不让我研究吗？难道我找不到资料不能实地去考察吗？我能啊，我都有，我都能找到啊，但我就是缺了那么一股子劲儿，缺了她的努力坚持和一丝不苟的精神，并不是缺了资源。所以，她可以在群里分享自己的心得，为自己的孩子做一个适合自己家庭的选择，我只能在群里八卦聊闲天儿……就像她这种人吧，别说做造型了，就是拔草，也肯定比大部分人拔得好，精气神儿就在那儿呢，往那儿一站，那就是个人物！

当然，这些人都太牛，可能你体会得不明显。那就说个简单的，我深有体会的，比如伸手党。我之前发了篇文章涉及 TED，马上有人问，TED 网址给一个。说实话如果你都懒得自己搜这三个字母，TED 你就别看了，看了也没什么大用，真的。你缺少的不仅仅是勤奋，更重要的是缺乏主观能动性，不能自主学习，别人不喂到你嘴边，你就是宁可饿死也要干等着。这样的话，你看什么励志视频、国际思潮，都只能是一夜鸡血，第二天起来一切涛声依旧。

再举个例子，当年高考，大家都一样上课，可为什么有人就是学霸，有人就是学渣呢？如果你拥有了学霸的课堂笔记本，你就能考上清华了吗？我记得有一个 14 岁的高考状元说过一句话："我只是把你们打闹的时间都用来背历史书上的小字了。"唉，我记得我当时书上的大字都没背太明白。

我观察过很久周围的牛人，他们很少在遇到困难的时候哭诉、磨叽、叽叽歪歪，更多的都是在埋头思考怎么办。他们相信做什么事都不会轻易成功的，因此只有加倍努力去克服遇到的所有困难。他们具有坚持、勇敢、乐观、不服输、敢想敢干、追求细节、高度自律、一丝不苟、任劳任怨、动手实践能力强、谦虚谨慎，以及不急功近利，失败了还能站起来继续往前走，不达目的誓不罢休，不断追求更大世界等优秀品质。

如果你没有这些品质和精神的话，那这就是你和牛人之间巨大差距的终极原因。

●别老说自己穷，越喊越穷

如果你觉得自己是个穷鬼，那你就会一辈子都穷下去。

小时候我在地摊上买过一本旧书，名字记不太清了。这本书很破很旧，书页都是暗黄色的。书里的第一个故事讲的是一个夏威夷的小男孩手指断了，幼儿园老师告诉他："你天天想手指能自己长出来，它就真的会自己长出来。"小男孩果真天天想，两年后手指真的长出来了。

我没觉得这完全是瞎掰，只是觉得很奇怪。之后有一天，我看到一篇文章，惊讶地发现这个所谓的道理叫"吸引力法则"，就是当一个人的思想专注在某一领域的时候，跟这个领域相关的人、事、物就会被他吸引过来。我无从考据那本旧书上长手指的故事是否真实，但我一直都十分相信这样一句话："当你想做成一件事情，并且朝着这个方面不断地努力、发展自己的能力，你就会吸引来自四面八方的能量帮助你，直到你达成目标。"

意念，是个很可怕的东西。不同的意念会不断地对你所有的行为和思维方式进行暗示，进而让你成为不同的人，过上不同的生活。那本旧书中说过，如果你想要成为有钱人，你就要经常想象自己能成为那样的人，过上怎么样的生活，如何说话和思考，如何待人处事，当你从行为上让自己变成一个有钱人样子的时候，你就会吸引真正的财富到你身边。

但在日常生活中，包括我们的父母辈，大概是源于不愿意露富的传统，大部分人觉得自己是穷人，并不断地暗示自己穷，不管提到买什么，都会立刻说："穷啊，没钱，买不起。"但你观察，这样说话的人，从来都是一天天地熬着日子，下班后多一点努力都不会付出，多一点脑筋都不想动，并且看到别人努力赚了钱总会觉得别人太辛苦，一定会过劳死的，身体不好有钱有什么用云云。你看，当你觉得自己没钱，自己买不起任何贵点的东西的时候，其实你在不断地暗示自己，你就是个穷鬼，并且永远不可能有钱，所以你就真的会穷下去。

可周围有钱人是什么样子的呢？大家都是从一穷二白时白手起家的，当这些人遇到困难，或者看到好东西时，都会暗暗发誓：我一定要赚钱，把这个东西买回来；我要去周游世界，我要买大房子、豪车，我要给孩子最好的生活。然后他们开始努力，几年之后，你发现他们混得还真的不错。

我新认识的一个女孩子，她第一次见我的时候，就跟我讲了自己是单亲妈妈的事实，她一点都不避讳这件事，并且告诉我，她怀孕的时候老公出轨，于是孩子生下来后她就离婚带着孩子和自己父母出去租房住，为了给他们一套房子一个家，自己一定要努力赚钱。后来我总会在凌晨两三点收到她的微信，大概是夜深人静工作完之后想找个人说说话吧，不过那时我都睡着了。她总跟我说，全家就靠她了，一定要让孩子老人有个好生活。小姑娘瘦弱不堪，长得跟竹竿子一样，但努力赚钱的话语总是那么铿锵有力。那一年，她赚了几十万，在一个二线城市首付了一套房子，给老人和孩子安了一个家。

看到这里你一定脑子都要爆了，第一反应肯定是"几十万，不可能，她做什么事情能赚几十万"，但不管你怎么觉得不可能，这就是事实。不仅如此，第二年一开年她又涉足了餐饮业，还开始写剧本，想要做个业余编剧。

我们有几个共同好友，偶然一次聊起她来，都十分佩服，因为这些事情要是放我们身上，绝对做不到像她那样好——离婚就得让自己失魂落魄好几年，搞不好还要成为祥林嫂到处倾诉，哪能离婚之后立地成佛，拔地而起就开始奋斗，还能赚这么多钱？事实上这个女生做的事，我们都能做。但为什么我们都没赚到几十万呢？原因有二：一则我们没有被逼到人生的绝境，没有离婚又单亲，过颠沛流离的生活，自然也就没有足够强大的赚钱意念；二则我们从没有想过自己除了上班还要做什么，总觉得按部就班地上班领薪水就很辛苦了，哪能做更高级的事儿呢？所以我们就只能凑一堆儿一边佩服她一边羡慕嫉妒恨。

总有人说："星姐你说的都是特例，根本没有可执行性，我们平凡人学不来。"其实真没谁特别特殊的，真的，就像我说的这个女孩，她也是个平凡人，是在强大的成功意念下，把自己逼出来的。**如果老觉得自己特殊，那给你树立 800 个榜样也没用，因为你总会找各种理由暗示自己不可能。**这就是为什么有的人能通过努力改变自己的命运，有的人连鸡汤的刷锅水都喝了还是没用。

每次我发布新书信息，总会收到很多人的私信说"星姐，我是个穷学生，你送我一本吧"，或者"为什么你的书不是免费的？我是穷人啊"，每次收到这样的信息，我都会很生气，我生气的不是你伸手就要，而是你知道自己穷，为什么还不赶紧去赚钱呢？如果在你的思想里，你就是个穷鬼，就该受穷，就该连本 30 块钱左右的书都买不起，那你就真的会永远穷下去。

　　或许你早就发现了，身边混得好的人，越混越好，生活、工作、家庭、爱情样样顺利，跟开了挂一样。而你自己也挺努力的，甚至是非常努力，可却一步比一步辛苦，这到底是为什么呢？从现在开始，尝试转变一下你的思维方式，无论做任何事情，遇到任何困难，第一反应去想"一定可以，我要试试看"，而不是"天哪，我来做吗？好难啊，这不可能做到啊"。

　　你若心里苦，便一辈子不会尝到甜。

● 不磨叽，才是时间管理的最大利器

•• 不磨叽，是时间管理的最大利器。

很多人问，你究竟是怎么做时间管理的？其实对于时间管理来讲，任何的技巧和方法都比不上三个字：不！磨！叽！不磨叽的意思就是做事不拖拖拉拉，想到事情立刻去做。比如说想要去学车，赶紧找驾校马上报名，最快一个月就能拿到驾照。想报个培训班，在网上寻找大概对比一下，看看网评，就去预约试听课现场考察，用不了三天就能选择完毕。很多人会在这些事情上来来回回地磨叽，一会儿考虑距离远，一会儿考虑交钱多，一会儿问东问西看看别人的评价如何，大家你说一句我再推荐一个，几个回合下来三四个月过去了，而自己还是原地踏步，什么进步都没有，只剩下捶胸顿足，唉声叹气。

•• 不磨叽，还是一种人生态度。

你以为不磨叽仅仅是时间管理的问题吗？其实不磨叽更多的是一种性格，一种状态，一种人生态度。如果你是个凡事特别磨叽，干什么都来来回回畏首畏尾的人，说实话，你的人生也就现在这样了，也不用幻想什么伟大的成功还是英雄般的人生了。我经常收到很多网友的来信，其实信中都没什么大事，都是生活中的一些小事。比如，同宿舍女生谁跟我关系好谁关系不好该怎么办？同事下班没让我蹭她车回家是什么意思？也许这些事对你很重要，但如果你的时间和精力都花费在这些鸡毛蒜皮还无解的小事上，你哪儿还有时间精力去做些更重要的事呢？

我有一个大学同学跟我说过一句话："如果我们生活中都是一些很大、很重要的事情，可能我们根本就没有时间去想那些小事。正是因为我们生活里没大事，才会在小事上叽叽歪歪。"这句话我一直记到现在。人年轻的时候总会觉得自己拥有一腔青春热血，想要做大事，但为什么天永远都不降大任于自己呢？你有没有想过，如果生活中鸡毛蒜皮的小事你都处理不好，就算天降大任到你身上，也只能砸死你，绝不会让你现在成为英雄。

••不磨叽，让你能更加专注。

不磨叽，就会让你有更多大脑空白的时间，也会让你做事更加专注。其实很多人时间规划不好的重要原因都是不专注。给孩子做饭的时候想着刚才那件衣服还没有买，到底该不该买呢？买东西的时候在考虑今天该不该去驾校给自己报个名；好不容易在驾校报了名，每天上课都在想，时间都用来练车了，家里一堆家务活儿还没干呢。如此下来，你的脑子每天都是思维涣散的，做 A 想 B，做 B 担心 C，结果没一件事做好，甚至还需要重新做。

••如何改变磨叽的性格状态？

那么你可能要问，如果自己的生活很平淡，确实没有发生过什么大事，或者说自己就是个磨叽的人，到底该如何锻炼自己或者改善自己的这种磨叽性格呢？我推荐的方法就是阅读名人传记。

每一本名人传记都能给你展现一个名人伟大的一生，你可以从中看到，当他们在人生中遇到困难，无论大事小事，都是如何思考，如何做决策，如何坚持，如何克服困难的。他们的人生中也曾有很多的失败和沮丧，有些很严重，比如进了监狱、被公众误会等，这些巨大的困难，他们又是如何挺过来的呢？**读读别人的故事，再设身处地地思考一下自己的想法，你会发现自己生活中遇到的那些事，哪儿还算个什么事啊！**

如果你觉得自己是个有点自命不凡的人，如果你觉得自己应该比现在过得更好一点，如果你觉得自己应该是个做大事的人，那么，读点名人传记，让自己具备点大将风范吧，每时每刻都要觉得，自己是要做大事的人，因此别老在小事上磨磨叽叽，别老在鸡毛蒜皮上没完没了。当你真的脱离了这种会拖延你时间和生活状态的心态，你才可能去专注地做更多的事，也才可能开始取得一点点自己过去得不到的成就感。

否则，你的人生都会在无限蹉跎中慢慢度过，到头来你什么都没有得到。唉声叹气什么用都没有，你只能靠看一些励志文章聊以自慰，并眼睁睁地看着别人跑得越来越快，你连他们的脚后跟都看不见了。

● 为什么大神一天有 48 小时，能做好多事？

很多人问我，为何感觉我能做好多事，以前我的回答是我可能脑子快手快吧。但仔细想想，感觉 G 先生在这方面教了我不少重要的做事方法。正好在这里跟大家一起分享一下。

·· 让专业的人做专业的事。

最近朋友创业，请我帮忙找人做传播。我帮他找好了人，结果没几天那个做传播的人就来跟我说不干了。原因是无论他做什么，我朋友都会指手画脚一番，以为自己很懂，各种提意见，而事实上他提出的意见都非常不专业，根本无法执行。后来朋友又分别让我帮忙找设计、找管理类的人，对方都是没多久就不干了，而我朋友自己也气呼呼地累得要命。

我问他："既然请了人，为什么总要自己掺和啊？他们是专业人士，你多听他们的啊。"

朋友气鼓鼓地跟我说："我也很专业啊，我也很牛的，我被他们骗了怎么办呢？我当然要提出我的意见啊。都怪他们，你看看我一点进展都没有，各方面都停滞不前。"

我又问他："既然请了人，就要信任啊，疑人不用，用人不疑啊！"

朋友撇撇嘴："那不行啊，我不放心呢，再说我也很专业啊，我哪儿比他们差了？"

G 先生说过："让专业的人做专业的事，是最省事高效的方法。"

••能花钱做的事，不要花时间。

过年的时候，我自告奋勇擦家里的油烟机，以为有几瓶专业的清洗剂，就能分分钟洗干净。结果油烟机被我拆了，两小时都没洗干净，而且装上去的时候困难重重，还弄坏了几个零件。其实我完全可以请专业人士来清洗，两小时 100 块钱就够了。我用了一下午的时间，并没有得到自己想要的结果，反而把自己累得半死，沮丧得要命。

G 先生对于我做家务辛苦又没结果这种事早就见怪不怪，通常只甩给我一句："谁让你自己做了，请人来做啊，他们都有专业的工具和设备，比你干得好多了。能花钱的事情，不要用时间。表面上花了钱，但省了自己的时间，可以创造更多的效益，还能为别人提供机会，何乐而不为呢？"

现在开始自己做项目，也深谙这种方法。很多项目中的内容并不是我所擅长的，以前总会觉得这是块硬骨头，自己点灯熬夜也要啃下来自己做。现在总会把自己不擅长的内容分出去给不同的小伙伴来做。表面上我损失了一些钱，但自己省心省力省了好多好多时间，自己的心情更舒畅了，也有时间做更多的事情，而合作的小伙伴也都非常开心，合作起来愉快又高效。

••做事带脑子，不要在小事上反复纠缠。

什么叫做事带脑子呢？就是无论做什么事情，别人说过的、写过的、告诉你的事情要注意听仔细看，能自己查询的内容自己动手去查就好，不要反反复复地问，浪费自己时间，也浪费别人时间。

比如，前段时间朋友公司开了一个图书销售平台，写得非常清楚如何使用，但很多人天天发邮件或打电话问："在哪里登录啊？""退出键在哪里啊？""充值能用招商银行卡吗？"有的人还听不懂，必须要手把手截图画圈才能看见。其实这些内容网站的使用说明上都写得很清楚了，自己耐心点看一下，研究一下就特别清楚，但非要花时间问，等对方有时间回复你，一整天时间都过去了。

••不同的时间，分别做该做的事。

上班的时候有公司制度帮你安排时间，几点上班，几点吃饭，几点开会，几点下班，一天紧张忙碌但有条不紊，十分充实。但周末或者放假，每天的时间自己安排，很有可能刚要吃饭却想看书，刚要看书却想上厕所，上了厕所玩会儿手机，就忘了起身了。时间就是这么一点点溜过去了。

《欢乐颂》里的曲筱绡对邱莹莹说过一句话："周末的时间也是时间，时间就是金钱。"当你想要在周末放假时间做点事情的时候，自我时间管理非常重要。我的经验是定好什么时间做什么事情，让自己形成习惯。

比如，我会安排早晨的时间来工作，中午孩子睡觉时让保洁或者美容师上门服务，下午小朋友睡醒后带他出去玩，晚上孩子睡觉以后上英语课，读书写作。或者上午休息下午出去玩中午孩子睡觉的时候我工作。当然这样的安排有时候会被打断，但大体上不会有太大变动。这样不仅能清晰地控制自己的时间，不会因为突发情况很慌张，也不耽误陪伴家人和孩子。不同时间，分别做该做的事，形成习惯后做事情就能有条不紊。

我有一个朋友是全职妈妈，完完全全自己一个人没人帮带。从孩子三个月开始，每个月都带孩子出去旅游，不去旅游的日子，也都天天泡在各种游乐场、采摘园、动物园等。我曾经写过她的故事，很多读者说："绝对不可能，肯定有人帮她忙，否则带孩子怎么做美容？""骗谁呀，全职妈妈每天累得半死了，她这么玩，谁扫地拖地做饭洗衣服？"

我去问了她这样的问题，她回答我说："去美容店我都带着孩子，他在旁边玩儿，我躺着做美容。在家政公司买张卡，能打折，一小时20块钱，一周阿姨来个2~3次做做家务就行了。孩子睡觉的时候，我去做瑜伽、锻炼、健身。晚上孩子爸爸回家以后帮忙带一会儿，我做做第二天的外出计划。孩子睡觉了，我开始做兼职的工作。带孩子当然有很多鸡毛蒜皮的小事儿，但大事化小小事化了就行了。如果孩子尿裤子这种小事儿你都要抱怨、生气，觉得又给你添麻烦了，那就真是什么都忙不过来了。心累，比什么都辛苦。"

●关闭微信朋友圈以后

很长一段时间以来，我都觉得我把所有的时间都花在了手机上，可是手机到底有什么看的呢？除了一些 APP 可以代替电脑买买东西、查查信息以外，也就是刷刷微博看看微信朋友圈。我所有的时间里，看微信朋友圈是消耗时间最长的，即便没有任何朋友更新，即便朋友更新的内容可能自己并不感兴趣，但还是习惯性刷一刷，看看别人的动态，看看有没有人圈我。可是仔细想一下，这些动态跟自己到底有什么关系呢？

以前我们觉得朋友圈里的都是自己日常生活里的好朋友，但现在很可能有很多根本不记得因为什么加的人也在其中；以前以为朋友圈的朋友是可以分享生活快乐与苦恼的亲密友人，但事实证明很多人之间甚至连点赞的交情都没有。有一天我决定关闭微信朋友圈几小时，看看自己的生活到底会有什么样的变化。

首先，我在微信里找到了关闭朋友圈的方法：我—设置—通用—功能—朋友圈—停用。

1 小时之后，我还是会很手贱地打开微信，习惯性地点一下最下条第三个位置，并迅速点了一下原本第一行朋友圈的位置，很遗憾这个位置已经变成了"扫一扫"。这时候自己突然想到，我已经关闭了朋友圈，不应该再去点它，而此时我的内心并没有因为看不到朋友圈有什么失落，反而暗暗提醒自己我应该去做点别的事情，去睡觉都可以。

2小时以后，我有点忍不住习惯性地点一点，但是这种想刷朋友圈的感觉会越来越弱。

7个半小时之后，我想晒个照片，但突然想起我已经关闭了朋友圈，不应该再去为一个照片打开它。这段时间也不可能有人在朋友圈找我。如果他们很紧急的话，一定会用其他方式来找到我。

当天晚上，我就把朋友圈的功能打开了，却发现整整一天也没有什么人圈我，我的朋友们也依然如之前一样晒晒吃喝玩乐的照片，并没有什么特别的事情。

也就是说，这一天没有了朋友圈，我也并没有错过什么天大的新闻。相反，我用了更多的时间更高质量地陪着孩子出去玩了一下午，晚上还读完了一本书，写了两篇书评，收拾了一下屋子。我并没有不看朋友圈，我只是暂时关闭了它，到了晚上用15分钟时间集中浏览一下，而其他时间都被我充分地利用起来了。

很多人说，我需要通过朋友圈了解很多资讯。没错，但是如果不通过朋友圈，通过自己关注的公众号也完全可以看到这些资讯。再加上现在很多内容也并不是完全准确和真实的，所以有些内容并不是自己一定要看的。当我尝试暂时关闭朋友圈之后，我就下意识地离开手机，开始思考自己到底为什么那么依赖它。

这时候我发现，**我们离不开手机，其实是害怕自己被别人遗忘，害怕落**

单，想要用这种方式来表现自己的存在感，让自己觉得我还是与这个世界接轨的，我还是知道很多新鲜事的，我还是能发一些内容告诉别人我在干吗的。看到别人的内容就去评论或者点个赞，这些行为本身不会花费我们很长的时间，但却容易无形中让我们一直处在这一环节里出不来。甚至很多人习惯了碎片阅读后，连一篇超过 2000 字的文章都看不下去，更不用说读完一本书了。现在很多人很多公众号很多社群都在组织各种读书会，每一个都异常火爆，这是为什么呢？活了二三十年的我们读不懂中文书了吗？其实不是读不懂了，而是没耐心读了，读一页纸，就火急火燎的，再也安不下心来。

没有手机就会紧张，出门没带手机就好像没有穿衣服一样难受，这恐怕是目前所有人都得了的病。戒掉手机依赖症，是每一个现代人都想要做到的事情，但是很遗憾，大家都做不到。虽然在这方面我依然没有做到很好，但有一些小小的经验可以跟大家分享：

· 在每天的某一个时间段关闭朋友圈，在一个固定且短暂的时间里打开它，看看今天的资讯。

· 只保留必备的 APP 应用，因为你无聊的时候就会打开每个 APP 挨个去看，这无形中花掉了你很多时间。而这些 APP 当中，也有很多会促进你的消费，其实有些东西如果你没看见，就不会买。

· 你可以下载一个能记录时间使用的 APP，这听起来好像跟上一条有一些冲突，不过这个 APP 可以记录你花在每一件事上的时间。用一周之后，你回过头就会发现很多地方你花费的时间，比自己想象的要多太多了，有的时候你自己都想不到，比如说刷手机，闲聊发呆，在这些事情上，可能你无意识地就浪费了很多时间。

　　担心接不到电话，担心看不到最新消息，只是内心的不安全感和害怕被遗忘的心情在作祟，但这也仅仅是一个表象。或许解决手机依赖症的根源，并不在于强制自己把手机放得远远的，而在于把更多的时间花在一些更有意义的事情上，让自己的内心因为成就感而变得自信。因为在关闭朋友圈的时间里，我完成其他的事情越多，内心成就感就越大，自信心就越强，感受得到自己的进步，这种成就感远远大于看到一条最新的朋友圈信息。

●你穷，就得给你打折 OR 免单？

我的朋友圈里有个卖包的微商，叫大表姐。我最大的乐趣就是看她的朋友圈。这个 90 后的姑娘，不但卖东西卖得好，人也非常有个性，对很多极品买家的点评风趣幽默，痛快淋漓，有一天，我看到这么一段话：

"我并不是一个鸡汤爱好者，也没有能力教各位过好自己的一生，因为我自己还一天稀里糊涂呢。但是我明白一个非常浅显的道理，对于我这种实力一手货源来说，我的价位你依旧觉得，哇，好几百，这么贵啊！那我个人觉得，原因不应该在卖家身上。我说话不太好听，但是你应该明白，你活了几十年了，听见千儿八百块的一个包，还是很难接受的话，你该考虑的是未来还要这样吗？人生就是不公平的。我曾经也觉得我自己有点才华，最后不也沦为一个卖包的吗？各位互勉吧，真心希望大家都过得好，这样才能买买买。"

在日常生活中不免经常会遇到这样的人。年纪一大把了，不管发生什么事情，只要一提到花钱，就总说自己特别穷。仿佛自己没钱，是一件特别有理的事。我没钱，你就该给我个折扣，甚至给我免单最好了。

我最不喜欢听到的一句话就是"星姐，我是学生党，穷啊，你给我推荐个免费的"，或者"星姐，我穷，你跟我说说怎么理财能最快实现财务自由"。作为一个特别爱钱的人，我特别不喜欢听到别人说自己穷，因为第一次听到这句话，我就会觉得你会永远地穷下去。**如果一个人给自己带上了"穷"的标签，他就很难再去翻身，因为他骨子里就觉得自己可能永远都赚不到钱，永远都会这么穷。**即使有一天想要努力赚钱或者已经不穷的时候，他也会下意识地认为自己穷。思想穷，难致富。

以前看到过一个网友的留言，他说自己家境不好，但又特别希望能够在大学里多学习多进步，可学习是需要钱的，于是他边学习边赚钱。参加各种培训学习花了 3.5 万，但自己打工赚了 3 万，等于没花钱就白白成长。再回去看学校的同学们，吃吃喝喝的钱都有，花钱学习就牙疼喊穷。这个留言我印象特别深刻，我就特喜欢这种勤奋上进喜欢自己想办法的年轻人。我觉得一个人穷不可怕，可怕的是心穷还不想办法，天天做白日梦，傻等。

我一直都挺奇怪的，那些知道自己穷的人，为什么天天喊穷，为什么不着急去赚钱呢？反正我穷的时候，一天 30 块钱的超市促销员我也干，两小时 30 块钱的家教我也干。我觉得一个人只要真的想赚钱，怎么都能赚到一些，就算卖咸鸭蛋也是能赚的。很多人总问："他们都怎么赚钱的？我周围就没有这样的机会。"其实不是没有，是你不善于观察，也不想找到这些机会，更不想那么琐碎又辛苦。比如，我朋友圈里有妈妈做外贸衣服赚钱，有人自己做酸辣粉赚钱，有人做代购卖水果等。只要你想，从最小的事情入手，慢慢都会积累自己的客户和渠道，关键是很多人想想就觉得麻烦，觉得赚不了大钱，也就放弃了。

　　我也不知道为什么学生就要把自己定义为"穷"，就因为自己还没进入社会，还拿着爸妈的钱，觉得不够花就理所当然标榜自己穷而不去想办法赚点？一个在校生没有勤工俭学或者校外打工认识过社会，没有自己努力赚过一毛钱，没有主动为自己的人生和欲望付出过任何事情，天天喊穷，希望别人施舍，希望一毕业就能拿高薪，这有点说不过去。就好像没任何恋爱经历，就希望大学一毕业就有给房给车给彩礼、人好貌好工作好的金龟婿降临一样，概率太小。

　　当然，很多人说："来学校就是好好学习的，要去打工赚钱还不如不上学。"说得特别对，但是，你真的专心学习了吗？你的成绩真的很好吗？还是在宿舍抠脚追网剧呢？让你学习吧，你在打游戏；让你社会实践一下吧，不是嫌钱少，就是借口没空学习了。这不就是大多数人的大学写照吗？就这样的思想和精神面貌进入社会，也确实不太容易富裕起来。

　　一个人大学时候的思想和精神面貌，和走进社会之后是一脉相承的。我的一个好朋友小令，本科毕业那年同时被哈佛大学和剑桥大学录取为研究生。因为家境问题，选择了在北大继续读研。她想赚钱减轻家里负担，一天就只在食堂吃最便宜的菜，先打工后创业，三年赚了10万块，然后拿这些钱去创业，最高峰时一天赚10万。现在第三次创业，开了十多家沙拉店，拿着几千万的风险投资，依然天天工作到半夜两点，朋友圈里经常看到她累得翻白眼的身影。现在的她，已经不为了钱，完全是为了理想在奋斗。

　　有一篇文章说过，如果你总是买自己付得起的廉价商品，你就永远都不会有什么赚钱的欲望，因为你根本没机会见好东西。所以，当你买东西的时候，一定要买价格让自己心疼一点点的东西，因为只有购买这些东西，才能够让你觉得自己需要更加努力奋斗。挣钱就是这样，每个人挣钱都是为了一个目标，比如家庭、孩子、父母、自己的欲望、自己的虚荣心等。当你有欲望有目标的时候，才能激起自己的斗志，没有任何追求的话，你也会让自己得过且过，美其名曰自己找不到赚钱的机会，只能每天苦巴巴地等着打折大减价。而等待你的，永远是没完没了的地摊货和无穷无尽哭穷的话。

分答上很多人问我："我对上班没兴趣，有什么兼职能让我挣大钱？"或者"我没什么技术能力，拖延症也很严重，我怎么做能财务自由？"我觉得既然如此，你就穷着吧……

所有的没办法，都是因为不够想得到想要的那些东西。

●为何那些被认为是神经病的人，过上了让你羡慕到哭的生活

有一天跟邻居妈妈聊天，提到两个孩子未来出国留学的话，不知道要准备多少钱，加上通货膨胀，估计是个现在想都不敢想的天文数字吧。邻居妈妈说，她的领导 15 年前在荒郊野外的地方买了两套别墅，现在荒郊野外已经开发成别墅区，两套别墅每年每套租金五六十万，正好供双胞胎孩子在国外读书，不但每年收入都有保障，而且一点都不会影响自己现在的生活。看看人家这人生计划做的，简直完美啊。

我问她，以前荒郊野外的别墅是不贵，但能买得起两套也是很有钱的人家了吧。

邻居妈妈说："他年轻的时候也没什么钱，就胆子大，敢赌。当年买别墅也是借了很多钱，然后拼命工作还钱，买了别墅五六年后才去装修入住，一直都没有钱。要是给我，别说是没钱不敢借也不敢赌，就是有钱也不会赌一个荒郊野外。"

他买的别墅放 15 年前，不到 100 万，他就付了个首付，也就二三十万。回想一下，15 年前我也能买，但没这么多，肯定要借至少 20 万。但 15 年前谁敢借 20 万，见都没见过，感觉一辈子都还不起。可当初要是给自己点压力，现在都翻十倍了。当年觉得他们都神经病吧，给自己那么大压力怎么活啊，但现在反过来是我们的压力更大啊。

　　曾跟一个前辈聊天，那天我们一行人在外面喝茶，他谈目前的生活状态和未来打算，我随口提到："您现在的生活，真是多少后辈梦寐以求的，不缺钱也不缺时间，真是完美啊。"前辈跟我们说："你们这样觉得，是因为你们从没有见过我曾经为这个行业付出过的一切。我年轻的时候，每天工作18小时都是常事，现在的闲适都是靠早年的辛苦换来的，人生哪有有钱又有闲的好事儿！"

　　我舅妈也是这样一个人。20年前跟着公司从老家来到北京，那时候我才上小学，就记得舅妈每周末都坐一夜火车回来，周日晚上再回北京。中间几次我来北京玩都是找舅妈住，起初我跟舅妈住在集体宿舍里，然后是小单间，等我高中去的时候，舅妈已经住在属于自己的房子里。我记得当年有很多她的朋友劝阻舅妈，不让她来北京发展，觉得不现实，压力大，在小城市多好，依山傍水，家人在身边。一个女人拼命挣什么钱，差不多不少吃不少喝就行了。身为女人还那么拼，不是神经病吗？

　　现在舅妈快50了，她有没有实现自己当初来北京时候立下的目标我不知道，但她今天生活得很好很开心。而那些当年劝阻她没必要自己闯的人，有的丢了工作，有的日子过得入不敷出，有的一直蜗居在特别破的小房子里。

　　我也不知道，如果我是她，会不会像她一样有勇气，在年轻的时候，离开家乡，来到竞争最激烈的城市打拼，为自己年幼的孩子，为自己其实还挺迷茫的未来。我也不知道，如果我是她，能不能像她现在一样过上了自己想要的生活。

你自以为的极限，只是别人的起点

很多人说她命好，有福气，有运气。可我清楚地记得她每个周五坐火车回来，每个周日晚上坐火车再走，一转身，满眼泪，这样一奔波，就是十几年。

以前看到过一句话："大部分人在进入社会几年后，都会选择容易的生活和工作方式。每个人都觉得自己已经很辛苦了，于是本能地选择一种既闲适又有趣的生活方式。"

我 20 多岁刚入职的时候，领导反复地告诉我，前三年不努力，三年后就要努力一辈子才行。现在回想起来，自己虽然不是最努力的那一个，但职场上所有的规范和准则都在前三年的基础上打了下来。前三年逃避的训练，果然成为之后职场生涯的软肋，而前三年没有打好的基础，果然成为了之后生活里害怕的事。

我们总会觉得，给自己太大的压力，会过劳死啊，会心梗、脑梗啊，你看年轻人生病的越来越多了，钱就那么重要吗？人生快乐自由才更重要吧。

但是等自己 30 岁的时候往周围看一看，才发现年轻时候的压力哪能跟人到中年比。年轻时候一人吃饱全家不饿，父母健康，孩子尚小。可人到中年一回头，父母健康不保，孩子教育随随便便大几万没了，如果还涉及中年职场危机，家庭换房换车，那更是雪上加霜，分分钟焦头烂额。真是应验了那句话：年轻时候不吃苦，等着吃苦一辈子。

很多人说我很拼，临生孩子前一小时还在工作，其实并不是因为我是个工作狂，我只是想把未来可能像别人一样遇到的中年压力稍微分散到前面一点。我不知道自己的未来是怎样的，是不是也会焦头烂额，但至少，我现在多努力一点，多辛苦一点，以后就能少慌张一点吧。人生，或早或晚，无论是压力，还是运气，都是平衡的。躲过去的，早晚都要还。既然要还，不如早一点还。

压力是种很奇怪的东西，每个人都害怕，都紧张。但我们不得不承认，压力会带给积极乐观的人无穷的战斗力，就像《茶蘼》中的一段话。我并不是鼓励疯狂地买房炒房，但至少这句话让我觉得很受鼓励：

"其实买房子只是买房卖房的生意，你要拥有的不是 2000 万的现金，而是 2000 万的勇气。名牌，甚至爱情，那都不是拥有。野心，才是真正的拥有。当你付了定金，就等于为自己买下了野心。你会督促自己，拼命地生出钱来。"

● 别总喊女权，最看不起女性的其实是女性自身

有天和朋友们一起吃饭，席间提到了共同的朋友小安。

小安是我们共同的朋友，几年前开始创业，创业期间生了两个孩子。现在不仅事业做得风生水起，而且还是身材容颜都爆好的超级辣妈，活脱脱晋升成女神了。现在小安的公司员工加起来大概有三四百人，在业界小有名气，照这个势头下去，估计不久就可以去纳斯达克敲钟了。

这时候，有人突然提到："还不是因为她老公很牛她才有的今天吗？"

诚然，小安的先生很优秀，但身处另外一个圈子，跟她的事业完全不相关。小安当年从大公司辞职开始创业，老公很支持她，不过也就只是精神上的支持，毕竟事业圈子不同，也帮不上什么忙。

"对哦，还不是因为她找了个好老公？老公挣钱多，她才能安心创业啊，像我们自己家，少一个人赚钱都温饱不稳了，哪能说辞职就辞职地去创业呢？"

"再说，就因为她老公有钱，家里能请两个阿姨，所以生完孩子才能去健身美容啊，谁没生过孩子啊，都累死了，哪有力气去健身啊？"

"就是啊，她如果找的是一个普通男人，哪能过上现在的生活？"

"现在公司做那么大，还不知道背后用了什么妖术呢。不然一个女人，怎么可能有这个能耐？男人都不一定做得起来呢！"

听到这些话，真是寒从脚底起。

　　小安跟我没多熟，她怎么打拼起来的我也不知道细节，但我们曾经是在一个集团里工作，虽然当时并不认识。她有一次吃饭的时候跟我说过，她当初之所以从公司辞职创业，就是希望孩子能住上有院子的房子。她先生是个工程师，有名望，但指望他买大房子没什么希望。因此她选择出来，找了合伙人一起做了现在的公司。只是没想到赶上了好时候，五年就发展成了现在的规模。现在他们有钱买大房子了，反而不想买了，把钱都投入在公司未来的运营里了。现在一家四口住在一个大学的职工小区里，邻居都是有知识有文化的人，对孩子的熏陶特别好。

　　小安的一个下属跟我说："天哪，我们公司啊，怀孕都不好意思休假。虽然没有明文规定，但当年老板怀孕两次都是临产前才从公司去的医院，出了月子就各种健身，产后两个月就来公司开会了。我们做下属的压力很大啊，同样是女人，老板这么拼，我们怎么好意思懈怠？"

　　很多时候，我们看到别人比我们强，心里不服气，但又知道自己拼不过，就开始意淫别人一定有什么不可告人的秘密。特别是一提到身边的哪个女性特别能干，第一被问起的就是："她老公干吗的？"如果恰好她老公也很优秀，就一口认定一定是靠老公起家的，什么努力都看不见了。如果恰好她老公比较普通，又会哀叹："真可惜，只能靠自己打拼了，她怎么想的？怎么嫁了这么个人！"要是朋友恰好还有张好看的脸和身材，那话就会变得很不堪入耳了。

　　女权天天都在被呼喊，可其实看不起女性的都是女性自身，潜意识里总

觉得嫁得好可以秒杀一切。 很多女性总觉得，我们曾经都是一起吃喝玩乐的人，凭什么你比我过得好？还不是因为你嫁得好？有一个好男人，一切都可以不用努力了。这么听起来，男人只要有点本事，个个都能当超人用。

如果说，来自男性对女性的歧视，我们每时每刻都在抗争，那么来自我们女性自己内心的瞧不起自己呢？很多女性骨子里觉得，女性不可能靠自己买房，不可能靠自己付得起特别棒的房子的租金，不可能有能力过上特别好的生活。工作能干，肯定因为与男上司有染；生活优越，一定因为老公或者婆家是个靠山；如果真的什么都不靠，大龄未婚女青年爬到高位也会被人说"这么大了没人爱，好可怜啊"之类的话。而这一类嚼舌根的话，通常出自女性自身口中，这种来自女性内心的思维定式，恐怕才是最可怕的。

而提到结婚嫁人的话题，不得不说起 2016 年特别火的电视剧《欢乐颂》。剧中人物关关暗恋王凯饰演的那位医生赵启平，但她不知道，以自己当时的实力，赵医生不会对她有什么兴趣。樊胜美羡慕安迪身边多金有钱又有情的男人们，但她绝不会入了那些男人们的眼。以前年会看到总公司中国区的老板偕太太一同参加，很多女同事都很羡慕他太太，觉得她一定是个什么都不缺的贵妇人吧，可其实人家是另一个跨国公司的中国区总裁。另外一家公司的中国区女总裁天天都有老公来公司接，大家猜想她老公一定是个浪漫又有钱的人，是的，女总裁老公是欧洲的一名音乐家。你什么样，就会跟什么样的人在一起。

结婚是一场修行，是两个实力相当或者叫门当户对的人，在一起创造更加美好的生活。而所谓的实力相当，并不一定指工作和挣钱能力，美貌、身材、精神、气质、内涵、思想都可以称之为一种能力。总觉得别人是高攀或者下嫁，是因为你只看到了金钱的匹配度，而看不到其他。但你放心，婚姻这种人生大事，谁都不是傻子，谁都不会当儿戏。想要和优秀的人在一起，让自己变得优秀起来才是正经事，而不是天天吐槽别人老公是不是瞎了眼，为什么选了你觉得比自己差远了的那个人。

● 名校和非名校最重要的差距，悄悄影响着我们的一生

•• 名校与非名校的差距不是收入不同，而是思维方式与做事标准不同。

每到六七月份高考出成绩的时候，很多人都会因报志愿而感慨。我收到一些来信，都是高三学生，信中说："星姐，我高考成绩一般，只能上二本，但当年你也是二本毕业的，我觉得我毕业时候能跟你一样好。"

不是，你等等，听说我。我是二本毕业的，可能你觉得我现在还挺好的，但我依然觉得我跟那些名校的同学有巨大的差距。这个差距不是毕业后的薪水，也不是学业水平的差距，而是一种思维方式与做事标准的差距。为什么这么说呢？

我一直没法清楚地描述这种差距，不过我曾看到的两段话，对于这件事情，我觉得描述得非常贴切：

"一个成熟的人，他的标准来自他的内心，而大多数人，却受环境所左右。一个年轻人，进入一所不那么优秀的高校，对自己的标准会不由自主地降低以适应这个环境，减少自身与环境的冲突，而这种做法对他们的人生也许是致命的。"

"那些考入二三流大学的学生，因为高考本身带来的挫败感，二三流高校学生的身份设定及环境暗示，不称职的老师所引发的失望以及同学间放任自流气氛的带动作用，都容易让他们在一个低标准下，自觉'满意'地度过每一天。"

看到这两段话的时候，我想到大三大四在北大交流学习时候的感受。在北大最让我震撼的不是老师多牛，同学多聪明，而是一种大家都积极努力的氛围。比如期末考试过后自习室依然灯火通明，上课永远都人满为患，课间20分钟换教室时间学校里到处都是啃着面包奔跑的人。每个人都"毫无时间观念"地疯狂学习，参加各种活动。在我眼里，他们永远充满了斗志，谈起各种竞赛和活动都特别兴奋，每天从睁眼就忙得不可开交，到晚上一两点睡觉都是常事。没人抱怨自己辛苦，也没人抱怨生活艰难，大家每天都忙得鸡飞狗跳，但又特别开心。

我一直记得的是这种从每个人身上散发出的精神状态，这种状态不由得带动着我，虽然我跟他们差距很大，但也不断激发我向他们看齐。直到现在，我一直用我能见到的周围最牛的人的标准来要求自己，虽然也经常做不到，但这让我觉得我是一个对自己有要求的人，在自律和自省中生活，虽辛苦但总有很大进步。

我的大学是二本学校，也有一些二本学校的网友给我写信说一些现状，如自己努力学习就会遭到周围人的排斥；同学们都抱怨老师不好，天天在宿舍睡觉；学习氛围很差，只有考试时候才努力学习等。而个别一些稍微努力点的同学（比如我），如果不去看看外面真正的世界，就会觉得自己相当不错了，或者觉得自己的努力被同学排斥孤立，可能是自己的错。

其实每一个同学进入大学的时候，都怀着努力学习的心态，一二三本都有好学生，也都有特别努力勤奋的人，但为什么走着走着就会消失一大半呢？其实就是这几句话："对自己的标准会不由自主地降低以适应这个环境，减少自身与环境的冲突，在一个低标准下，自觉'满意'地度过每一天。"

••为什么名企喜欢要名校的学生？

为什么名企喜欢要名校的学生？非名校毕业生表示不服。当年我也觉得不服气，非名校的同学也有努力的，为什么要一棒子都打死呢？进入社会久了我才明白，其实名企要的不是多么高的 GPA 成绩，而是一种内在的精神状态。就像有篇文章中描述的那样："那些年薪百万的年轻人，他们拿着高薪，却依然选择为了工作而努力到深夜，并且他们的状态很不一样，每天都为自己让世界变得更好了一点点而振奋，非常积极。他们的辛苦不叫辛苦，也不是为了百万年薪。辛苦是他们获得自我实现的途径，自我的实现使他们无穷快乐。这世界就是一拨人在昼夜不停地高速运转，另一拨人起床后发现世界变了。"

是不是感觉格调老高老高了？

而我们大部分人的工作和生活状态是怎样的呢？

上班稍微努力点就开始讲究公平；自己不得志就开始抱怨公司和领导；下班后看几页书就觉得自己特别上进；辛苦上几天班就觉得自己要赶紧去享受一下生活了；加几天班就担心自己会过劳死；遇到些鸡毛蒜皮的小事就郁郁寡欢，仿佛遇到了天大的人生难题；看见牛×的人也会心生羡慕，但总也突破不了，努力了却总不得要领。

当然，这话不能说死，名校的学生也不一定100%很厉害，非名校出来的也有出类拔萃的英才，但就大范围来讲，一个人受环境的影响非常之大，

"一个二三流大学的学生，能够勇敢地以名校学生中档乃至高档水准来要求自己，才是恰当的做法，他也一定会从中受益。"我把这句话发给一个大学老师，她跟我讲："太难了，我就这么要求我的学生，但层次的差异太大了，大部分学生理解不了，也许毕业后才会理解吧。"

不过，毕业后估计也很难理解。在学校都对自己没要求，进入社会环境更嘈杂以后就更难了，所以，努力的人总显得那么不合群。

··越能干，越努力；越有钱，越上进。

前几天回老家，我姐问我，你觉得北京跟二三线城市最大的不同是什么？我说："北京根本不用跟二三线城市比，北京自己都有不同层次的人群。我总结就是几个字——越能干，越努力；越有钱，越上进。"

写这篇文章的时候，一个朋友来找我商量点事。她还有 50 天生孩子，怀着双胞胎。这姐们儿已经财务自由很多年了，在怀孕期间又开了两家公司，要创建一个女性理财平台（我经常看到她神采奕奕地跟很多白富美在一起）。你可能会问："这都什么人啊？"这就是普通人啊，那些已经财务自由的，有钱的，能干的普通人。

进入社会十年八年后，名校和非名校带来的名气和基础学历教育的差异，渐渐就不明显了，更多的是个人经验、经历以及社会化程度的较量。有的人的生活越过越好，有的人越过越找不着北，甚至日子越来越惨。而造成这一切的差异是一个人的精神内核。简单地说，态度决定行为，行为决定结果。你是一个积极进取的人，还是一个爱抱怨懒散怠惰的人，直接决定了你之后的全部生活。

此时此刻一个人的精神内核，一半来自进入社会后对自身的要求和改变，一半来自从小到大养成的思维模式与生活习惯。前者改变的概率非常大，但需要付出很大的努力，我们在社会上看到的很多大学一般，但进入社会就很优秀的精英都来自于此，通过不断的自我革新与历练，重塑了一个进入社会后的自己。而另一部分人，他们出自名校，一直以来都以高标准要求自己，而他们自己也生活在这样的层次和圈子当中，同学同事都是这样的人。你会发现，在领导人或者名企当中，他们都手拉手一样成批存在着。

但无论这些人他们多有钱，他们的共同点就是特别努力，特别勤奋。这种勤奋不仅仅在自己身上，还在自己的伴侣以及自己的孩子身上体现。前几天跟一个朋友聊天，她是一个社会知名人士，老公是知名摄影师，有一个五岁左右的女孩。她跟我提起等我孩子大一点，就要上很多培训班了。她列举了自己女儿上的比如舞蹈、钢琴、马术、跆拳道等五项。也许你会说，孩子太苦了，她会快乐吗？答案是她女儿超级快乐，每天都过着小公主一般的日子，幼儿园一放学就着急地去各种培训班里，还经常主动提出来要学这学那，她妈妈看她实在没时间只能哄她长大点再去。

你觉得辛苦，是因为你觉得自己学习和生活很辛苦，才会觉得一个小孩子学那么多更辛苦。而在这些人的生活里，好奇心强，努力勤奋，积极向上就是常态，也是他们认为理所当然的事情啊。

我们很难明确而苛刻地讲，名校和非名校带来的差距到底是什么，是毕业后收入水平还是生活水平的不同。但如果换一个角度，从思维方式和做事态度上来看，名校在自律、进取、积极、勇敢方面所带给人的影响，可以是一生，甚至是几代人。**金钱很难传承很多代，但精神却可以永远流传。**即便是那些非名校但依然在社会上取得不凡成就的人，他们也拥有同样的精神与气质，这些通过自我变革和付出巨大努力之后重塑起来的优秀者，他们和那些名校出身的优秀人才一起，活跃在人生的舞台上，创造属于自己的荣光。

当然，那么非名校的，还没什么荣光的我们该怎么办？其实普通二三流大学的学生用名校的标准要求自己，普通人用牛人的标准要求自己，即使没能成为特别棒的那一个，那也一定好过现在的我们。

有这样一段话，送给你我以自勉："你要用牛人的标准要求自己，不断地走到牛人当中去，拉近和牛人之间的距离。当你觉得自己能够成为他们中的一员的时候，你才能成为真正的牛人。"

● 辞职创业之后，才理解大公司曾教会我的那些事儿

以前，总有人问我，大公司和小公司到底该怎么选择？其实这是个两难的问题，因为各自都有优劣势，没有绝对的好坏。但对于我个人来讲，由于我从实习开始就是在大公司工作，因此更加了解大公司一些，特别是现在辞职自己开始做以后，更加体会到曾经在几家大公司的工作经历所带给我的视野和专业性，让我现在每时每刻都觉得受益匪浅。

•• 大公司有太多比自己优秀的聪明人。

不得不说，当我刚毕业进入一家顶级公司，听到 HR 跟我说的第一句话是"你的英语还不如母语好，自己加强练习一下"时，是一种怎样蒙圈的心情。而后发现每个总监的秘书英文都流畅得跟美剧一样的时候，才知道大学时考个 GRE、托福就觉得自己很了不起是多么的幼稚。跟自己一个组的同事和领导，很多来自世界名校，其中不乏哈佛、耶鲁、剑桥，跟他们在一起工作的时候，我常感叹跟聪明、智慧的人在一起工作，听他们说话，看他们做事，都是一种享受。

身在大公司，先不说其他高大上的东西，单说周围那一群比自己优秀太多的聪明人，就能立刻感觉到自己的渺小，乖乖地低头拼命努力，一点都骄傲不起来，也不会抱怨什么。现在虽然辞职了，但每当我觉得自己挺优秀的时候，就会想想他们，这些曾经优秀的同事带给我的压力和进步，让我想要

时刻以最优秀的人的标准，来要求自己，让自己总是那么动力满满。

见过好的，就再也接受不了得过且过的自己。

··丰富多彩的培训，学会为自己随时充电投资。

很多年轻人选择大公司的一个很重要的原因就是培训。就拿我毕业后工作的第一家大公司来说吧，公司有全球统一的在线培训系统，各种学科分门别类，每个人从入职开始就要按时按量完成在线培训。所有培训都是全英文，公司系统会跟踪提醒，如果不能按时完成，会影响到个人的升职加薪。

除此以外，工作日的中午或者下午茶时间，公司都要邀请公司内部或者外部的各行业大牛做线下培训分享（还管饭），有时候你会突然发现自己一直仰慕的大牛，正在台上给自己讲课，还能近距离交流，实在是太爽了。

以前觉得又要上班，又要被逼着上课特别累，但习惯了这种学习体量和频率之后，即便离开了这家公司，自己也会保持随时充电学习的习惯，而且也根本不会觉得累。

无论多忙多累，自我学习与投资是保持不断进步的最大利器，一辈子都是。

··一流的标准与多任务处理能力，培养无敌专业小快手。

Global Standard（全球标准，或者理解为一流的标准）是我的第一任新加坡老板在面试我的时候提出的标准，她跟我说："我的要求就是 Global Standard，我需要你将来无论去世界上任何一个地方的同行业公司工作，都能直接上岗，不需要任何培训。这是我的标准，你接受，就来。"

我一直记得老板的这句话，虽然我已经不再是她手下的员工，但这句话我一直记在心里。无论是后来的工作，还是现在自己做事，我都努力恪守这个准则，对人对己要求都很高。凡是跟我合作过的客户都觉得我很专业，其实是来自对老板当年这句话的践行。

除此以外，大公司因为事多人少，一个人当三个人用，多任务处理能力非常重要。毕业第一年的时候老板找我谈话，特别提到我的多任务处理能力比较差，做了 A 就顾不上 B，从那之后我就特别注意对这种能力的培养。如今，很多人都说我是工作、生活小快手，一样的时间我总能比别人做得更多更快，其实这得益于当初公司对我的疯狂磨炼。

以前觉得要崩溃的事情，时过境迁才发现，这是最让自己受益的地方。

我曾经参加过一个职业培训，谈起大公司小公司的选择话题，有一个培训师跟我们说："职场哪一种选择都不是 100% 完美，最重要的是，走进职场不要总觉得自己是个打工仔，是为别人卖命卖时间的，而是要认真地观察和学习公司及每一个部门的运作体制，并假想如果自己是公司的老板，应该怎么思考和决定公司里的大小事情，这样才能让自己得到最大的格局和视野。"

以前在公司的时候，也并不觉得有什么，但等到辞职自己做事的时候，才能感受到一个公司在自己身上留下的烙印。或许是一种行为准则，或许是一种品格底线，再或者是一种面对未来几十年工作的精神态度。但无论是什么，最重要的是把自己认为正确的那些保存下来，镌刻在自己的生命里，成为不断成长中的自己的一部分，伴随着自己越变越强大，越变越美好。

● 别人的成功都是特例，所以你就可以不努力？

每次写点周围的人努力生活的文章，总有人跳出来说："星姐，你说的都是特例，他们成功是因为 XXX，我就没这些条件，根本不适用于我。"每次看到这种评论我就来气啊！

看到别人的成功，总是强调别人有爹妈、有背景、资源丰富、命好、公司好、领导好，但唯独不看看自己努力过没有！一说努力就是努力没什么用，怎么拼都比不过那些牛人，所以你就该上班时间网上聊天，下班以后浑浑噩噩？然后你就比那些比你有钱有能力有资源还比你更努力的人过得好了？你指望谁拉你一把出人头地呢？你孩子还是你爸妈？

对，你爸妈没给你那么多牛气的背景和条件，还需要你哼哧哼哧攒钱买房还房贷，所以你就该抱怨社会抱怨父母？再过几年变成一个满嘴怨气的中年人，天天对着你的孩子唉声叹气，然后教育着你的孩子："老子这辈子不行了，儿子你要争口气啊！"你都这个德行了，凭什么要求儿子出人头地啊？

你爹妈不是富二代，可你能够成为富二代的爹妈啊！成不了富二代的爹妈也没问题，你最起码要成为一个差不多的，能给孩子点正能量的爹妈吧，你不怕有一天你孩子抱怨你没用吗？

还有一类人，倒是不怎么怨爹妈怨社会，就是怨公司怨领导，随便一开口就是："我们公司太抠门了；就给这点钱值得我拼命吗？""我老板人品不好，跟他干不值得我努力。"听这话我就替你着急，真的着急。

我的好朋友鼹鼠说过一句话："你拿不到那个薪水，是因为你不值得那个价。"这句话推而广之，你是什么水平的人，就自然进入什么水平的公司。你要是只凤凰，麻雀窝也放不下你。人最怕没有自知之明，总觉得周围都是垃圾，自己最牛 × 了。人以类聚，物以群分，年纪越大越觉得这话特别对。

你觉得自己是凤凰落进了鸡窝，那你赶紧振翅高飞离开就是了，这时候问题来了，能走到哪里去呢？ Facebook 入职员工起薪非常高但你去得了吗？微软、谷歌福利待遇好到令人瞠目结舌你考得进去吗？工作好多年还没什么成绩，所以一股脑怪领导头上了。工作干不好，薪水不够高，就因为领导不够好，你不觉得自己太思维僵化了吗？什么都要等别人教别人带，自己不能主动点，找各种资源学习吗？领导不是学校老师，必须 100% 公正无私掏心掏肺，还要语重心长地教导你进步，还给你发工资的好吗？**工作都是给自己干的，长本事也是长在自己身上，就因为一个你不满意的公司和不满意的领导，就心甘情愿原地踏步还振振有词，给自己找了个不用进步的理由？你傻不傻啊！**

我不知道别人怎么想的，反正我每次看到那些比我厉害比我强的人比我还努力的时候，就会觉得特别自惭形秽。他们是比我有背景有钱有资源，那又怎么样呢？我看到的就是他们比我勤奋比我努力比我学得多看得远，其他我都视而不见，我就是这么善于抓住别人的优点扪心自问的人。当然，我每次看到一些平凡人努力的故事都更加感动，他们可能穷尽一生就为了买一套房，但是这是一个人的梦想，是梦想，就值得被感动和鼓掌。怕就怕你没有梦想，还嘲笑别人有梦想。

有位读者给我讲了这样一个故事："我老公是个老师，班上的学生大部分都是乡里的，孩子父母在城里打工，就把孩子带到城里上学。我和我老公经常光顾一个麻辣烫小摊，三轮车就是整个操作间，两口子特别勤快朴实，自己穿得干干净净，所以我们一直吃得放心，何况味道真的好。然后有一天我老公告诉我，其实这两夫妻是他的学生的家长，他们家就靠卖麻辣烫在城里一个新开的楼盘买了一套160平方米的房子，还是全款付清。然而，他们的艰辛也不是常人能受得了的，夏天那么热站在七八个砂锅面前；冬天那么冷，营业到凌晨。"

当时我就想起了我的初中同桌。我初中同桌是一个总被人看不起的男孩子，家里不富裕，被整个家族看不上。他爸妈早晨卖豆浆油条，白天卖教辅教材，他想出国留学，当时看来天方夜谭，无论从家庭经济还是个人学业都不具备这个条件。他那些有钱有势的哥哥姐姐们大学时候都由家人送出国去，什么都没学成就回来了，他本科在国内一个二本，硕士考到了美国，现在博士后毕业了。读博士的时候他有了志同道合的女友，现在有了幸福的家庭和孩子。看见他晒婚戒的照片的时候，我脑子里就闪现出当年坐着三条腿板凳坚持上完一节课的他。

他们算不得什么成功人士，也就是买了套房、考了个美国博士，你可能根本看不上。但是他们不抱怨，不埋怨，为自己的小梦想默默努力，这就是普通的平凡人最动人的地方，也是那些动不动就为自己开脱的人最缺乏的地方。

　　读别人的故事，是为了得到正能量激励自己，不是为了让你在字里行间找个理由为自己的不努力开脱。总有人说"我没有动力啊，谁给我点正能量啊？请赐予我力量吧！"正能量给你的时候，你永远都是蒙着双眼拒之千里，总觉得别人的成功都是特例，自己是普通百姓做不到也理所当然，那你还是回去看看玛丽苏小说吧，毕竟那更能安抚你不知该安放到何处的小心脏。

　　人最怕的不是没有理想，是自己没有还嘲笑别人异想天开。

　　人最怕的不是不够努力，而是自己根本没努力，还老觉得别人的成功都是特例，觉得社会和他人对你太不好，所以自己成功不了。

●为什么你的生活充满戾气与愤怒？

我关系极好的朋友——代购老高，经常遇到奇葩客户的暴力语言攻击，她经常会忍不住跟我吐槽。我劝她："不要用别人的错误来惩罚自己，只要他们高兴，怎么都行，不用劝，也不用讲道理。"

其实万事万物就一句话："只要你高兴，怎么都行！"

不参与竞争行吗？行！

不那么辛苦赚钱行吗？行！

就想吃饭睡觉打豆豆行吗？行！

孩子每天快乐玩尿泥行吗？行！

真的，只要有一天你看见别人优秀有钱又开心，遨游世界转不停，孩子成才又有礼，你别嫉妒，别难受，别羡慕，别心动就行了。

可问题的关键是，太多人只能做到肆意生活，但做不到不嫉妒不羡慕不恨呐。

比较，是一种再正常又再自然不过的本能行为了。

••你为什么会比较？

有人说，为什么要跟别人比呢？自己每一天都进步一点点，自己跟自己比就可以了，人比人气死人，为什么要比较？

话虽这么说，但每个人不是生活在原始森林里，前后左右就自己一个人。

你自以为的极限，只是别人的起点 🍃

每个人都生活在社会和集体中，极少有人能做到不与别人比较。这种比较有时候不是故意的，是自然而然的。一出门，看到邻居家换了辆新车；单位同事家的孩子都会算算术了，自己孩子只会吃喝玩乐；每年一次的升职加薪为什么有他没有我；朋友间谁的男友稍微多金体贴点都能成为互相间闹矛盾的导火索。

先别着急说自己不是这样的人，想想自己周围那些比自己优秀的人，如果提到稍微比你优秀一点的人，你会是什么反应呢？大部分人会下意识地找一些对方的缺点或者劣势来让自己心理平衡一点。只有提到比自己强很多的人，我们才会心服口服地把他们当作一个榜样来膜拜。每个人都爱比较，特别是当自己比别人更好的时候，比如买了新包、新车，赚了很多钱，都恨不得全世界都知道。

比较在心理学上被界定为中性略偏阴性的心理特征，即个体发现自身与参照个体发生偏差时产生负面情绪的心理过程。但事实上，比较也是一种本能，并非都是坏处。对于积极者来说，适当的比较，也能激起人奋起直追的念想，至少不会让人天天活在自己的小角落里画圈圈。但对于消极者来说，比较能让人的内心充满脆弱的无力感和满腹牢骚的戾气。

••家长比较孩子仅仅是因为虚荣心吗？

有时候我会写一些儿童教育的见闻，大多是我周围的妈妈们的真实现状，她们的孩子都正在火热的培训班与学校当中摸爬滚打。总会有读者说："为什么不能岁月静好地让孩子做自己？"

"为什么自己是个普通人，非要让孩子成为强者？"

"为什么不能让孩子快乐长大，必须学很多特长？"

能啊，当然能，谁不想让自己的孩子过得轻松又快乐？谁舍得自己的孩子风吹日晒地打棒球，或者在太阳下面练马术呢？看到别人的孩子比自己孩子优秀，别人能给孩子的条件和环境比自己好，大多数家长都会心急如焚。他们不是在着急自己的孩子不优秀让自己没面子，而是——怕因为自己的无能耽误了孩子的一生！

以前总有媒体报道，美国的孩子生活快乐又轻松，哈佛耶鲁随便考。无数家长非常渴望美式教育，并对应试教育嗤之以鼻。可近些年来互联网发达了才知道，**美国的优秀孩子比我们的高考状元还努力，那些快乐又轻松的长大的孩子们，大多都去领了低保。**很多外国人都专门把孩子送到中国接受扎实的基础教育。

我家曾接待了哈佛、耶鲁两所大学来华学习的两个小姑娘，她们都是华裔，从小出生在美国。问起她们是如何考上现在的大学的，哈佛的姑娘说自己是国际象棋学了十几年，拿到了所有国家比赛的冠军，耶鲁的女孩说自己各方面都比较普通，只是什么竞赛都参与，每个都得第一名。

你瞧，光听人家说两句话，自己都汗颜得不行了。你可以不拼、不比、岁月静好，但孩子面临的世界都是在比：比分数、比才华、比爹妈、比背景。这就是现实。

当然，如果你是无能的父母，肯定恨不得天下大同没有任何竞争；只有强者，才不害怕比。这话难听，但也是现实。

你自以为的极限，只是别人的起点

•• 人生怎么过都行，只要你岁月静好。

曾经看过一个故事，说两个老太太在一起做美容，A 跟 B 说："羡慕你一生跟老公和和美美，儿女听话，多恬静的生活啊。"B 跟 A 说："你看你，都是女强人了，叱咤风云，赚钱又多，我就在这小城里窝了一辈子。"

人生怎么过都行，只要自己心甘情愿就行了，并没有非要如何如何。你努力也好，游手好闲也行，都是一种人生选择。对待一个问题，你这样想也行，那样想也可以，人生百态，没必要非要相同。

任何的生活方式，有好也有坏。嫁入豪门的有可能每年年尾都有人来讨债，裸婚的小青年幸福甜蜜但也会为孩子居无定所担忧。每种生活有得到就有失去，有回报就有付出，关键是，你想要的到底是什么，你必须选一个。

什么都想要，什么都不想失去。既想要岁月静好的安逸，又不想失去人前显赫的机会。两者一相交，生出了对自己无能的愤怒和嫉妒。于是为了开脱自己的责任，把这种愤怒化作内心的戾气，变得无法平和生活，看哪里都充满攻击性，看不得一点别人对自己的否定。这才是我们中大多数人的根本问题所在。

第三章
要有效努力，
不要看起来很努力

任何辉煌成就的取得，
都离不开非凡的努力。
你要做的是有效努力，
而不是看起来很努力。
无效的努力，
只会耗费你的青春，
消磨你的意志，
让你无所作为。

● 无效努力与假装勤奋，让你累并穷着

●● 你只是做了一个很累很辛苦的假象。

现在的人，很爱拼时间和晒朋友圈。就拿我上健身房锻炼的体会来说，如果没有教练在旁边盯着，你会发现自己跑步永远跑不够 30 分钟，跟着健身 APP 永远都做不完规定动作。因为都在玩手机，在看电视，在休息。只有教练在旁边盯着训练，自己才能在短时间内高效地做完一系列的动作，教练一走，蹬自行车的腿就停下来了。

但自己心里还是着急自己没有完成既定的训练计划，汗都没有出一滴，于是继续在健身房泡着，一泡一下午，什么效率也没有，还消耗了大量的时间。然后对着镜子拍个照片，表示自己来过了，让手机里的朋友都羡慕和嫉妒一下，让他们觉得自己好勤奋啊。

是真的勤奋，还是假装努力？你的努力真的有效吗？除了健身，你做其他工作怎么样？加班都在勤奋打字冥思苦想，还是先吃两小时能报销的晚餐，再头昏脑涨地打开电脑？上课是聚精会神地听讲还是到了教室就趴桌子上睡觉？你的时间用得不比别人少，身体也挺疲劳，你已经做出了一个很累很辛苦的假象，可得到的却比那些看起来没你下功夫的人还少。

●● 别人都那么牛 ×，你只有绝望的人生。

每天熬夜学习或工作，早晨上班晕头转向，长期地晚上不睡，白天缺

觉，让你的身体越来越差。别说增加收入多赚钱了，你的身体都快垮台了，老板差点以你夜生活太丰富影响工作找你谈话。为什么别人每天都神采奕奕，为什么别人不仅不困还身体好，自己怎么就那么矬？他们都不是人吗？

你只看到了表象，没看到精髓。除了极少数的天生精力旺盛者（比如我），大部分人都有自己的作息时间。我认识的一位著名作家，每天晚上10点睡觉，早晨4点起床开始写作，8点写完去上班，开始一天的工作。你光看见他人早上4点起了，学着早起了两天，自己就说啥也起不来了，人生绝望了。

现在很流行早起党，每天早晨5点起床微信群里打卡。太多人用5点能起床表示自己很勤奋，晒在朋友圈里，好像自己就足够努力了。但努力之后的一整天，你过得好吗？如果自己8点才起来，就一定不够勤奋吗？

打卡只是一个行为，关键是背后的行为习惯。所有人都5点打卡，但不意味着你8点起床就失败了。相反，如果你要参加这样的活动，那就找到让自己5点起床之后能开始有效努力一整天的睡觉时间，这样你的早起才是有效的，否则你只是人云亦云地模仿了一种行为。**成年人的世界，不再是口号的人生，有效，比什么都重要。**

••我的效率训练手册。

以前我也是个熬夜党，白天晃来晃去，一到晚上就开始着急忙慌地干活，经常干到凌晨两三点，筋疲力尽，想睡前刷刷手机，都经常手机直接砸脸上晕过去。身体已经疲乏到极致，早晨起来也总是飘的，一整天都困乏得厉害，有时候写一篇文章要一整天，总是磨磨蹭蹭一会儿喝水，一会儿吃东西。后来，我开始有意识地控制自己的行为并提高自己的效率，而不是拉长工作时间。这样形成习惯后，我终于有时间看书，有时间跟家人出去玩了。在这里，简单地分享一下我的几个小方法吧：

••• 找到适合自己的有效时间、睡眠时间，进行质量管理，健身，选择合适的食物。

对于我来说，最合适的睡眠时间是 0 点到早晨 8 点，8 点之后基本上就要起床开始工作了，所以我从来不会参加什么早起签到活动。

健身和吃冰激凌是让我非常提神醒脑的方式，虽然最近又迷上了喝茶。

吃肉会让我觉得很困乏很累，所以我基本上只吃牛肉和鱼类。吃饭不要太多，否则会很困很想睡觉。

••• 管理自己生活的节奏，从而管理好自己的精力。

我看过很多精力管理的书，有兴趣的话你可以去各大网站搜，会有很多类似的书。精力管理不仅是管理自己的精神头儿，更是通过合理的方式，对自身以及对自己整个生活节奏的管理。比如一天的时间里，你可以选择早起健身，上午处理最难的工作，下午做需要仔细思考的工作，晚上做不用动脑的事情。如果这一切顺序颠倒，可能你什么都做不好。

••• 每天用 5 分钟，做好日程管理。

让我忙碌的生活变得很轻松的方法是做好日程管理。小到出门买醋，大到出差写报告，我都会用日程管理的 APP 来记录。这么做最大的好处是不需要用脑子时刻记着，有事儿直接记录上去，每天打开看看，做完了就划掉，这样能够很清晰地知道自己今天完成得如何，再也不担心有事儿忘记，也不会被突如其来的事情打乱计划。

··· 善用 APP 软件等高科技工具。

现在手机 APP 很发达，很多人喜欢跟风，别人用什么，自己就去下载什么。但其实每个人的需求不同，适合自己的 APP 也不同，甚至于并不需要用到这个 APP 所有的功能，可能就满足需求了。所以，我一般在找一个 APP 之前，就先想好希望要找的 APP 有什么功能，比如搜 "日程管理" 这个关键词可能会出来很多 APP，下载前三个，挨个打开用用看看，就能找到适合自己的。我用过好的 APP 基本上都是这样找到的，简单好使。

··· 白天不要躺下，脑子越用越灵。

无论你在家还是在外面工作，只要醒过来，最好不要再回到床上。除非你特别需要午觉，否则千万别停下来。只要一停止工作，哪怕是喝口水，吃个香蕉，你就完了，再重新开始进入状态就太难了，很可能一小时都无法沉下心来。

另外，千万别担心用脑过度，你的努力程度离过度还很远。脑子从来都是越用越灵，越用越快，不用就立刻生锈了。

··· 给自己规定完成工作的时间，劳逸结合。

写一篇文章，就一小时；做一个报告，用两小时。时间和日程以及人生目标一样，有目标才能有努力的动力，否则拖拖拉拉一两天做完一件小事绝不是梦。

··· 凡事打个提前量。

老板说明天要的东西，你能不能昨天就做完，留下一整天的时间修改，或者提前和老板争取一个修改的时间？如果凡事提前三小时还在紧张地做，不是错误百出，就是思考不全面，最后返工的还是自己。

我个人写公众号，除非家里有急事，基本都会提前 3~7 天准备好公众号需要的所有内容。因为家里有两个孩子，大事小事随时会有。如果遇到出差，基本上会把要做的事情提前两周全部完成，这样即使出差，一天工作 20 小时也不会担心断更。最重要的是，自己不着急，心情好了做什么都会效率高。

你要相信一点，别人没有那么牛，你也没有那么惨，不要给自己设定太多的目标和太丰满的内容，一点一点往前走就好。

●看了日本女中介的故事才知道，自己努力为啥总没用

前段时间用了一个周末，看了一部我原本以为自己不会看的日剧，作为励志系的日剧，这部剧不仅充满了燃点，还带给人深深的感动，我眼泪掉了好几次。以前看日本的纪录片，会被主人公兢兢业业的各种精神所打动，想不到一部简单的职业日剧，燃起的不仅仅是正能量，还能带来对人与人之间的感情，整个行业和职场的新认识。

●●房产中介所负责的，不是一套房子，而是客户的整个人生。

这部剧讲的主要是一个名叫三轩家的房产中介的故事。作为一名房产中介，她总会有各种办法，把各种奇怪的、看起来卖不出去的房子卖出去。在她看来，没有她卖不出去的房子。而她卖房子的秘诀仅仅是，她所负责的，不是卖出去一套房子，而是客户的整个人生。用这样的责任心和使命感卖房子，她总能设身处地地考虑到客户内心深处，考虑到客户自己可能都不知道的需求，并将合适的房子推荐给他们。她卖的不是房子，而是卖给客户一段幸福的人生。

有一对工作忙碌、只能把儿子托付给奶奶养育的医生客户，当奶奶去世后，医生夫妇为了不让儿子难过，执意要求搬到更远的一处大房子里，以为这样就能让儿子过上不再思念奶奶的新生活。但可惜，儿子不仅无法忘记奶奶，甚至不愿意离开旧房子。三轩家得知这个最关键的问题后，主动提出在

夫妻两个值夜班的那晚，陪伴儿子过夜。在那一夜里，她仔细观察了旧房子，并将一棵象征着奶奶回忆的石榴树枝摘断一节做成盆栽。她给医生夫妇找了一间小但离医院很近的二手房子，并将房子调整成旧房子的格局，再加上一棵石榴树枝盆栽。她直言道："你们需要的不是一所大房子，而是一个离儿子不远，每天挥挥手能相互看见，并且让孩子感觉到奶奶还在的地方。"果然，一直倔强不已的孩子深深地喜欢上了这所小房子，夫妻俩也恍然大悟般明白了自己长期对孩子的疏离，并感动地流下了眼泪。

在中国，买房子一直都是每个家庭心中最重要的事。很大一部分家庭，要用一生的积蓄和努力，去换一套能让自己安定幸福的房子。以前我不太喜欢房产中介，但看完这部片子以后，被深深地打动。就像三轩家在最后两集中所说的那样："我负责的是客户的整个人生。"特别现在房价节节攀升，对于大部分的中国家庭来说，买房不仅仅是一个简单的买卖行为，更是一种对未来的希望和对幸福的向往。无论是小家庭还是大家庭，买房的时候都憧憬着未来如何打扮这间属于自己的房子，并在里面过上十年，二十年，甚至一辈子。而房产中介所肩负的，就是这样一种沉甸甸的希望，甚至是一个家庭一辈子的最重要的梦想。

••比努力更重要的，是走心和思考。

当然，如果从职业角度来说，三轩家之所以敢说"没有我卖不出去的房子"，除了对这份职业的热爱与努力，更重要的是走心。对于大部分的房产中介来讲，他们关心的是把手上的房子推给客户，告诉客户这所房子怎么值得买，怎么性价比高，为何潜力大，为何升值空间大，但似乎没人关心过，客户内心的真正需求是什么，他是否真的需要你推荐的这所房子。

三轩家不一样，她可以把一所卖不出去的低价凶宅，卖给根本不怕死和鬼的医院护士；她可以把两套正对门的房子，卖给为无法独立生活的儿子担忧的老人，并为他们做好买下对门收租金好让儿子一辈子衣食无忧的计划。三轩家的每一次卖房，已经不仅仅是寻找客户，而是寻找一种完美的人生匹配度。她从不把某所房子硬推给一个陌生人，劝服对方买下，也不说什么涨价与否或者性价比，她总是在告诉客户：你为什么需要这样一套房子，陪你一起度过努力的人生。

没看这部电视剧的时候，我会把一个人的成败简单地归结为努力两个字。但在片子里，三轩家的同事们个个都很努力，但为什么没有三轩家一半的业绩呢？

因为**大部分人做工作，都是表面功夫一抹净，以为做过了，就是会做了，做好了，从来没有走心，也没有认真地思考过。**

这是最让我自省的一部分。

这年头大部分人都觉得自己挺努力的，有些人努力得还特别辛苦特别累，但总是达不到自己的预期，百思不得其解。我刚上班的时候，有一次老板让我整理一份资料，我洋洋洒洒写了几万字丢给老板。老板问我："这些信息你以为我找不到吗？我要的是你的见解和洞察，通过这些资料你觉得对客户来讲最重要的是哪些？为什么重要？面对这些资料，我们应该做出什么样的内容？记住：信息不值钱，见解和洞察才值钱。"

其实我们未尝不知道自己的问题，只不过是懒罢了。反正就是一份工作，能交代老板和客户就好了，何必思考那么多呢？有什么事儿都丢给客户和老板决定，自己就是个传话筒，反正领一份固定的薪水，差不多就行了。日子久了，大部分人都失去了思考的能力，每天像个机器人一样早出晚归上班吃饭下班睡觉，觉得自己的日子百无聊赖，更会抱怨说无趣的工作造成了自己木偶般的人生。

以为自己很努力，但总看不到效果，可谁说这样的人生，不是你自己造成的呢？

那些你看上去聪明、能干、机敏又赚钱的人，哪一个不是思考和走心一起努力，才换来如今的一切的呢？

●当觉得别人赚钱容易的时候，你行你上

朋友创业赚了 300 万，跑来跟我嘚瑟。他喜滋滋地跟我讲了自己多能干，准备买车买房，希望我也能加入他的行业，赚钱快。我说："我不行，你这个工作我做过的，需要人 24 小时盯着，随时都可能有变化，太累，我做不了。"

说完这句话，朋友眼含热泪激动地说："星姐，你说得太对了，别看我这一年赚得挺多的，但我连跟女友在一起的时候都担心着客户电话，真是 24 小时全年无休地绷着弦啊！别人都说我是暴发户，说我赚钱容易，可哪有容易赚的钱啊！"

我最讨厌别人跟我说："你赚钱多轻松啊，随便写写东西就能赚钱，你这钱来得太容易了。"容易吗？我不觉得。比如刚开始接约稿的时候，我的功力并不是很好，写好的东西经常要按照客户的意思改很多遍。有时候接软文，需要将客户的一大摞产品资料在一个晚上全部看完，并领会其中精神，即使连夜写出来了，还是有可能要改十多遍的。钱呢？刚开始只有 200~300 块，并且需要等一个月客户才付款。有时候钱都没有，客户会用自己家的产品抵稿费；还有的客户耍无赖，拿走了稿子还说你写得不合格不给钱。现在写作的市场很好，到处都是一篇文章赚别人两三个月工资的人，就我自己而言，怀二胎的时候也经常写文章要写到凌晨两三点，一边写，一边感受着肚子里

孩子的踢踢打打。我这人心思重，责任心强，每次交稿都会惴惴不安，只有交上去的稿件得到客户认可和好评的时候，心里绷紧的弦才能放松下来，睡个安稳觉。这一切真的容易吗？

分答上很多人问我："下班后想干点什么赚钱，不知道从何开始，该做什么呢？"下班后想做点什么赚钱，其实就是下班后转换到创业或者自由职业者的概念，所以首先要知道这两种赚钱方式的工作状态。很多人觉得，自己创业多赚钱啊，钱都是自己的；当自由职业者多赚钱啊，想开口要多少钱都可以。可自己做事和上班真的不同。自己做什么都要靠自己，从开始到最后，责任自己一个人承担，有没有收益也看自己的表现，有时候还要去追债。而上班虽然也有责任，但不论多少责任都是大家一起分担，你只需要负责自己手头的工作，公司也都是按月发工资，基本不会拖欠，更没有追款方面的隐忧。要说加班加点，自己做事看似自由，但完全没有上下班的概念，白天黑夜随时随地，都要工作。

至于说不知道从哪里开始赚钱的话题，我觉得首先需要知道的是做这件事背后你要承担什么，自己能不能做得了。比如我周围很多人做朋友圈里的买卖——微商，我也常在他们那儿买，我知道他们挺赚钱的，工作时也好像足不出户，随便进货卖卖就能赚钱。但你要让我干，我干不了，因为我不喜欢跟陌生人说话，我喜欢清静和独处，也接受不了极品买家，所以这份钱就算再多我也赚不了。一个做水果生意的朋友说，这叫"扒皮"生意，中间赚个差价，其实不难。但不难我也做不了，因为我承担不了这背后要承担的东西，我没有这份能力。

你自以为的极限，只是别人的起点

　　我经常会接到非常辛苦和难熬的工作，每次做的时候心里特别烦躁，觉得要是不接这个活儿，自己现在正舒舒服服地躺着看书、嗑瓜子，该有多好啊，干吗要给自己找这个不痛快？毫无压力的生活多么令人向往啊。有一次跟代购老高说起这件事，老高说："你想想钱，为了钱，也要坚持啊。谁不想躺着看电视啊，我还不想去商场里买货呢，但这不都是为了赚钱吗？"对，干完活儿拿到钱的时候，比看电视嗑瓜子爽多了。

　　曾有一个刚来北京打拼的小姑娘跟我说："我姑妈让我明年过年回去送她个手机，因为她觉得我在北京一定赚钱多也容易。可北京房租、生活费这么高，我自己这点工资都只是勉强生活，该怎么办呢？"遇到这种事就让人很恼火，为什么你每天 10 点睡觉 8 点起床，就觉得别人点灯熬油地辛苦工作，赚的就是容易钱呢？**当觉得别人赚钱容易的时候，你行你上试试呗。**

　　每个人都不容易，当你觉得自己赚钱辛苦，别人赚钱快又多的时候，你要相信，他一定更不容易，不信你就自己试试看。

●别让本该退休的父母再为你奋斗 20 年

曾在家里接待了两名哈佛大学和耶鲁大学来华参观学习的大学生，席间谈到这次来中国交流学习的费用问题。这个费用大好几万，对于普通的美国家庭，甚至中产阶级的家庭来说，也并不算低，但我家接待的两个女生，都是来自美国中产阶级的家庭，一个是靠自己打工换来的，一个靠自己努力学习的奖学金，在北京能坐公交的肯定不打车，能吃食堂的肯定不去下饭馆。总之，并非我们想象的，美金换人民币那多便宜啊，还不得可劲儿花的架势。

大学时候跟一个日本女孩合租一个房子，她来中国第一个星期没找到合适住处，吃了一礼拜的面包，感觉自己要挂在中国了。跟我们合租后没多久，就用自己的语言优势，找到了一份学校门口的兼职工作，干得如火如荼的。她跟我们说，日本高中生出去喝酒，聚会非常普遍，但钱必须自己打工去赚，父母是不给喝酒钱的。大学大部分同学也是自己去赚钱，包括自己这次交换生的费用。她的妹妹当时高二，平时也会打小时工，因为想要参加假期的冬令营活动。

你瞧，外国的孩子真惨啊，还是中国孩子最好命，别说打工了，二三十岁伸手向父母要钱，抱怨父母没本事的人都一堆一堆的，一副我没本事赚钱，就问父母要点吧的姿态。

·· 不，是你太惯着你自己了！

前几天拉黑了一个妈妈，因为她从认识我就开始抱怨：自己的父母没本事，没有多余的钱给自己，也没给自己买上大房子，父母都是垃圾，让自己过得这么苦，所以自己的小孩早教都上不起。我说那你自己努力啊，都这么大了不能抱怨父母吧。她说自己没什么工作，也跟我不是一类人，不喜欢努力，只喜欢吃喝玩乐。我不是个嫌贫爱富的人，但我不喜欢抱怨父母的人，更不喜欢一见面就开始抱怨的人，于是拉黑了。

你以为这只是个特例吗？当然不是了。

我收到过一种来信，数量还挺多的，大意就是自己有机会出国留学、交换学习，等等，但费用会很高，自己的家庭承担不起，父母也觉得没必要。但自己觉得是个好机会，想让父母卖房子换钱，自己以后会努力回报父母，但父母不愿意，该怎么办？

你咋那么有脸呢？出国读书要多少钱？你算过自己的工资能有多少钱吗？先不说卖不卖房子，你准备用多少年还清父母的这笔钱？

我的几个代购有时候跟我吐槽现在很多客人付款很拖沓，东西用了好久，还不付钱，有的人自己的孩子都是父母在帮忙养着，自己发什么新货，那些人都来买，完全不看自己的消费能力，也不管父母年纪大了还要养着自己和孙子。有时候看着挺痛心的。

当然，如果父母有钱，家庭条件不错，父母愿意帮忙干啥都行，问题是大部分的父母，也都心有余而力不足，养了你二三十年，还没完没了地要钱。

是父母太惯着你了吗？不，是你太惯着你自己了！是你太惯着你自己

了！是你太惯着你自己了！

··你有什么脸跟你孩子说就养到他 18 岁？

刚毕业的时候，有次去同事家暖房，同事的妈妈说："这个房子啊，我们老两口尽我们的所能了，一辈子的积蓄都给他们了。孩子们能生活得幸福，我们天天喝白粥都可以，你们年轻人不容易啊。"这话老太太笑着说的，我们几个听了心里都想哭。

很多人说："以后我有了孩子，就养到 18 岁，之后什么都不管了，才不会给他买房买车，我还要用钱环游世界去呢。"你咋那么有脸说，你的房子还是父母掏空一切帮你买的呢，你有什么脸跟你孩子说就养他到 18 岁？你父母要是也这么想，你早住水泥管子去了。一到自己索取的时候就没够，一到自己付出的时候就躲得远远的。

有人说，现在房价这么高，我的工资连块砖都买不起，父母不给我钱，我怎么可能结婚呢？怎么养小孩呢？

这不是你自己的事吗？买不起的东西多了去，你是不是都可以不用活了？买不起房子就暂时不要买，小两口一起努力打拼买房的人比比皆是，租房过了一辈子的家庭也很多。父母的钱不是钱？你一个月万儿八千花得精光攒不下来，父母的那点退休金攒起来就容易了？你只是想要他们的帮助又不想付出足够多的努力罢了。

我老板曾经跟我说："我们小家庭的事情，我父母从来不干涉，因为我们所有的事情都靠自己，没靠过父母。"现在有多少人敢这么说话？

你自以为的极限，只是别人的起点

刘墉说过一句话："今天有多少孩子，既要美国式的自由，又要中国式的宠爱，却没有美国孩子的主动，又失去了中国传统的孝道。然而这批孩子进入社会后，既要美国式的公司福利，又要中国式的铁饭碗，却没有美国员工的自律和中国传统的忠诚。从小讨价还价，长大后失去原则，该讲情的时候讲理，该讲理的时候说情。"

说得太对了，可别不承认！

••别让本该退休的父母为你再奋斗 20 年。

我大学的时候，我妈工资 600 元，给我 300 元，她自己留 300 元。别说物价的事儿，那时候同学基本至少 800 元到 1000 元的生活费，也就过得将将够，现在就更加高了。当然，我属于父母没钱的，有钱能让孩子过得更好的话，当然就更好了。

自己打工，自己省钱，辛苦吗？辛苦。累吗？特别累！有别的办法吗？当然有了，让我妈卖房给我更多钱呗。但能么做吗？我 300 块喝粥的话，我妈也不会过 300 块吃烧鸡的生活啊。

我有两个远房双胞胎妹妹，现在读大二，家庭背景不错，前几天来找我了解一下家教工作怎么找，以及是否安全。说实话，家教工作可能对于有长假的学生来讲挺好的，收入不错，但女孩子多少还会有点人身危险，于是我鼓励她们做点别的工作，超市促销员、咖啡厅打工等。结果她们告诉我："这些我们都做过了，想做点新鲜的事情，锻炼一下自己，假期要自己赚点钱。"

这两个孩子，从小到大我也没见过三面，但这几句话让我对她们特别有好感。我就特别喜欢努力上进，主动承担更多的孩子。

有人问我："我没什么特长，想兼职，做点什么好？"

我说："那下班后去咖啡厅打个小时工吧，积少成多，小时工也能学很多东西。"

结果，他怕丢脸，嫌钱少，觉得自己下班很累了，还去伺候别人，万一过劳死了怎么办？

曾有人私信问我："北京这么大的城市，有没有不是很累，但是薪水尚可、不加班的工作，能不能帮忙推荐一个？"

你要找到了，推荐给我好不好？

你还是没有被钱逼到绝路上，你试试换你的父母为你挣钱，他们会这么挑吗？

很多人觉得自己在大城市太清苦了，工作做不好，老板脾气差，吃的穿的也都是地摊货，可哪个年轻人不是这么熬过来的呢？ 你在外面觉得辛苦的时候，你的爸妈在家也真的没有多好过。不信你突然回家一趟，看看他们过的是怎样的生活。

●你怎么过一天，就怎么过一生——毕业十年得到的16句啪啪打脸的话

算起来从我大三实习开始到2016年，我已进入职场十年。虽然自己不够出类拔萃，但周围总是会有那种三五年当上总监，十年当上董事、总经理的人。偷偷地仔细看看他们的日常，不得不说，人与人之间的差距，就是每天拉开一点点。

2017年豆瓣日历的第一句话叫作"你怎么过一天，就怎么过一生"，作为首页的开封语，让人有当头一棒的感觉。很多时候我们都觉得自己是做大事的人，自己的改变大业就明天再开始吧，但明日复明日，每一天懒散懈怠的自己，组成了自己平庸无为的一生。

而那些职场精英们，他们的每一天都跟我们拉开一点点距离，十年，足以甩开我们100条街。你以为人家的成功是因为有背景,因为会拍老板马屁，因为各种你看不上的原因，其实你只不过是掩盖自己内心的惶恐罢了。你清清楚楚地知道，每一个早到半小时的早晨的累积，就足以拉开十年的距离，何况还有其他?

••嫉妒只会让你原地踏步甚至越来越差，而被嫉妒的那个人则会越来越好。

你嫉妒别人，别人知道吗? 嫉妒会让自己变得越来越好吗? 被嫉妒的那

个人会因为你的诋毁和暗中挑拨而变坏吗？

聪明人花时间向别人偷着学，没出息的人花时间嫉妒和诋毁别人。

··不公平本身就是一种公平。

强者都强调物竞天择，适者生存，只有弱者才天天叫嚣各种不公平。

··付出会非常辛苦，可能还会让你失望，但不付出会很轻松、很舒服。

努力是一件很辛苦的事情，会失败，会让你失望，还有可能什么都得不到。不付出会很舒服，天天躺着看电视、嗑瓜子，但别人得到某些东西的时候，你别着急上火就行。

··解决烦恼的最好方式：别要那么多。

有时候会觉得自己很烦躁，怎么干点事儿那么困难那么多人制造障碍？要想得到什么东西，肯定要有所付出，不然凭什么给你呢？

··你做不到的，不代表其他人也做不到。

凡事别那么绝对，你做不到是你能力有限，不是别人也应该做不到。视野决定心胸，格局决定你能走到多远的地方。

··起点越低，需要付出的努力就越大。

有时候觉得自己也很努力的，为什么就是成功不了？为什么成就没别人大？这是命吗？不是，是你的起点太低了，你只能更加努力才行，不然可以选择放弃。

••薪水越高，自己可支配的时间越少。

羡慕别人钱多，出入很体面，那是你没见对方累得像狗一样的每个点灯熬油的夜晚。那些时刻，你不是在家看电视，就是在床上跟周公聊天。

••薪水越低，自己可支配的人生越少。

有句话叫拥抱这个世界。不过客观一点来讲，你有多少能力，就拥抱多大的世界。你的能力反映在自己的薪水上。别老觉得自己薪水低，那是因为你站在自己的角度高估了自己，哪天你当了老板，回顾一下当初的自己，你都感动老板咋能给你那么多钱。

••多找别人的优点，忘了别人的缺点。

每个人身上的优点学一条，你就能上天；每个人身上的缺点你多看一眼，你就会成为一个越来越狭隘的愤青。

••别看不起会拍马屁的人，这也是一种能力。

会拍马屁也是一种能力啊，如果你当了领导，不喜欢听人拍马屁吗？你所讨厌的，是别人能让老板高兴，能让气氛融洽，而你不能也不会。

••你怎么过一天，就怎么过一生。

明天开始读书，明天开始学习，明天开始早起去上班。计划给明天的事情，一辈子都很难实现了，不如现在就开始吧?

••老板只喜欢能为他带来业绩的人。

这跟学校老师喜欢优等生是一样的道理。人人都喜欢优秀的人，没人喜欢拖后腿的那个。别觉得世界不公平，当你优秀起来的时候，其实这很公平。

••职场上的明争暗斗哪里都有，你接受不了就回家躺着吧。

明争暗斗没什么不好。看那么多宫斗剧也该有个地方练习一下吧。哪里都有坑，都有明争暗斗的戏，全世界都一样，换 100 个公司都一样。

••别把老板当班主任，处处都该提醒你、爱护你、教你认识全世界的坑。

老板没义务帮你教你啊，老板自己还一家子人等着他养家糊口呢。老板又不是你班主任，你也没交学费。命好遇到肯教你的，好好感谢吧。

••别只选择相信能安慰自己的事情。

昔日的同学成了富豪，成了科学家，成了音乐家等，看看穷困的自己，你会怎么想? 肯定是他们有后台，有老公，有背景。其实你不是不相信他们的优秀，你只是想用自己臆想的理由安慰自己破碎的心罢了。可这样想你就能比他们好了吗？你只会越来越差。

想要改变世界，先从改变自己开始。

每个人刚工作的时候，都想改变整个世界，但如果连自己的坏毛病都改不掉，那就只能让世界改变你。

十年，我已经从青涩的大学生，变成了两个孩子的妈妈。这一路上有欢笑也有泪水，自己得到很多，也失去了很多。但总体来讲，现在的自己还算过着满意的生活，相比十年前，特别感谢自己能一步一步走过来。虽然辛苦，甚至是煎熬，每一步困难似乎都还历历在目，但好在都挺过来了。

有时候看着身边的老公和小孩，都会觉得很不可思议。十年前从来没想过，自己会生孩子，而且是两个，都有些难以置信。照照镜子发现，自己老了，有了几根白头发，看看以前的照片，真是一张少不更事的脸。但十年，也让自己越变越好，每一步都如我所愿。

这16句话，是这十年来，我从自己的亲身经历得到的教训，它们每一刻都在提醒我，**就算再一帆风顺，也不要懈怠努力和忘乎所以。**

我是一个紧迫感和危机感都非常强的人，每天都觉得明天我可能就什么都没有了。因此，跟我在一起的人，都会觉得我很努力，其实并不是努力，而是害怕失去。

李笑来老师说过一句话：七年就是一辈子。我理解的意思是，七年就是人生的一个轮回，七年足以改变一个人的一生。而我一直相信，每天进步一点点，十年就是一种全新的人生。

那天在一篇文章里看到一句话："你要信命，这就是你的命。"大部分人会用陈旧的眼光看人，包括看自己。不相信一个人的命运会通过自己的努力得到翻天覆地的改变。如果有，那一定是神经病，或者傍上了什么后台。我们每个人都期待自己变得更好，但却在受挫的时候觉得，也许这就是自己的命吧。

我不是一个特别优秀的人，但我在过去的十年最重要的改变，就是从相信一个人的优秀来自名师名校，到相信一个人通过自己的努力也能改变命运，实现自己的梦想。原来小时候所说的梦想，实现起来很艰难，甚至要很远很长。但我一直觉得，只要相信自己可以改变一切，人生的原动力就会发生改变，无论做什么内心都会有力量和主动感。虽然我至今也没有多牛多好多优秀，但能用十年时间学会相信自己不信命，已经是人生至关重要的一大步。

下一个十年，希望我们都能越变越好。

● 30 岁时才知道，曾经躲过去的今天都要你加倍还

以前去上英语课的时候，认识了一位全职妈妈，她家离学校特别远，每天送五岁的儿子上幼儿园之后，就马不停蹄地奔到学校，下午 3 点钟又立刻离开，回到幼儿园接孩子放学。

我问她："干吗跑这么远来上课，孩子都这么大了，也没有什么负担了吧？"

她跟我说："我一直都是全职妈妈，到现在都快五年了。孩子上的双语幼儿园，现在孩子回家经常会用英语说点简单的对话，有时候孩子跟我说英语，我却什么都不懂。想想将来孩子还要上小学、上中学，学的会越来越多，那时候我就更没能力跟孩子互动了。所以无论如何都要来学英语，哪怕从头开始。以前上学上班的时候学英语、用英语都轻松地躲过去了。以为一辈子都会躲过去的东西，没想到在有了孩子之后，都要重新捡起来。自己小时候不努力，觉得对不起父母；年轻时候不努力，觉得对不起家人；但当有了孩子之后才发现，如果自己不努力，是自己最不能接受的了。"

有了孩子以后，加入那么多各种名目的家长群，最大的体会不是多辛苦，也不是养孩子有多贵，而是曾经躲过去的、没学好的，如今为了孩子都要一点点捡回来。不光是英语，还有历史、地理、生物、数学、唐诗宋词，甚至手工，那些以为一辈子都不用再学再看的书本知识，没想到有一天都必须拿回来，甚至学得更努力更准确。

跟一位前辈聊天，她向我聊起自己目前的职场困惑。

前辈马上要奔四了，孩子尚且年纪小，老人又到了需要人照顾离不开身的时候，职场里身强体壮、有干劲儿、工资低的年轻人潮水般地涌上来，压力很大。而更要命的是，今天的她在公司里能力一般，跟很多年轻人一个职位。她家里挺有钱的，虽说工作上并没有太大抱负，但在一群小孩子中间混着，心里也有些不舒服，甚至有时候还要被别人给脸色；可自己还真不敢辞职回家当太太，担心一点经济独立能力都没有未来会有问题。

前辈跟我说，嫁个有点钱的老公，婚后找个清闲工作、朝九晚五是多少女孩希望过上的生活。她当年也是这么觉得，想着有老公赚钱，并且积蓄还算挺多，便可以不用那么努力拼命了，差不多得了。于是便怀着什么都不争不抢，能推给别人自己绝不干的心态混迹在职场里，按点上下班照顾家里和老人，没事儿就逛街美容。可那时候的她才二十六七岁，未来的职场生涯还有二三十年，混日子一天两天可以，可三五年差距就太显而易见了。特别是女人到 30 岁以后，来自各方面的压力都会一起涌现，如果自己没点能拿得出手的真本事，不安全感会一天比一天强。

我从 21 岁的时候开始实习，22 岁毕业就开始工作，身在知名大公司，入行又足够早，看着身边好多二十五六岁的朋友们也不过坐一个比自己高一级的位置，生活上也比自己宽裕不了太多，总觉得自己的未来足够敞亮，想着以这样小的年纪，努把力，等自己二十五六岁的时候，工作和生活一定会比他们要超前很多呢。三四年后，真到二十五六岁的时候，我的人生并没有到达曾经预想的那些高度，仅仅是比曾经这个年纪的朋友们好一些而已。回想起来，大体是因为总觉得自己起步早，便会扬扬得意于年龄优势，总觉得有的是时间，于是打打闹闹，也不争分夺秒，结果蹉跎了岁月，用尽了青春。今天的自己虽一点都不敢懈怠，但身体已然无法像刚毕业时候熬夜加班还热血沸腾，生活里也有了很多其他内容让自己无法专一地去做一件事了。

职场上有一个很有趣的现象，大部分人在初入职场的时候都差不多水平，但到了 30 岁左右，有的人能步步高升，而有的人却一直原地不动。再往高一点，有的人开始辞职并美其名曰寻找内心的理想，有的人平步青云成为高层走向职业巅峰。当然，这其中除了内心是否厌倦工作以外，还有一种更重要的原因，即越往高走，越需要扎实的基础。这个基础包括技术和能力，也包括人脉与情商。如果在职场早期没有很好地积累和锻炼，就像上学学习一样，没有扎实的基础，那么越往高走，困难越大。而这个困难，因为环境等各种原因，很难再克服了。

曾经有一位职场前辈告诉我：在工作前三年的时候什么都要去做，去努力做，去拼命做，有多余的精力不要太过沉迷自由而去尽情泡酒吧、夜店、KTV。纵然前三年是最辛苦，薪水最低，看起来付出和回报差距过大的三年，但却是人人都愿意毫无保留地教你给你的三年，更是奠定了未来职业生涯的基础的三年。别说什么工作是为生活服务的，而不是全部的生活之类的话，前三年还没什么资格说这话。**环顾自己和周围朋友的职场磕绊，追根溯源，都与职场前三年的基础有关。**那些曾经躲过的辛苦，逃过的困难，自以为幸运没有分配到自己头上的费时费力的事，总有那么一天会成为自己职业生涯的软肋，让你懊恼当初为什么不多长个眼睛看一看。

我和我周围的朋友都到了三十而立的年纪了，平时偶尔会说说自己的烦恼和遇到的困难，而这些我们眼下的问题，仔细想想，无一不是由早年的偷懒造成的。而也是从现在开始，人与人之间的差距开始清晰明了地区分了出来。而这个年纪，有家庭有老人有孩子，再说奋起直追，除非有强大的自制力和丰厚的自我积累，大部分人，都很难，甚至只能空有一番努力的热情，却实践不了三天。俗话说，少壮不努力，老大徒伤悲。现在才知道这句话背后残酷的意义，这也便是人生最现实最残酷的地方。

不要让未来的你，讨厌现在的自己，人生的每一天每一刻，都在为自己的明天铺路。今天你后悔懊恼的地方，都是你昨天脑子里进的水；想偷懒懈怠的时候想一想，明天的你，会想抽自己吗？

● 为什么你特想赚钱，但总是赚不到钱？

之前有个朋友问我："星姐我跟你一起干吧，只要能赚钱就行。"我立刻拒绝了他。不是因为我不舍得给别人分钱，而是当时我每天都在做一些全新的事情，更多的是探索和突破，说的不好听点叫前途未卜。我自己都不知道我能赚多少钱，怎么能肩负上另一个人的责任呢？

前段时间我又碰到这个朋友，他又问我能不能跟我一起干，只要赚钱就行，我问他这半年都干什么了呢，他说一直东一下西一下，跟好几个人干过不少的事，但发现都没赚到钱，所以很快就撤了。因此现在他在家里，每天看电视闲得快长毛了。这时，他又跟我说当我助理也行啊，只要能赚到钱。可我是一个对这方面要求特别高的人，而且我坚信一点，一个人最重要的是做事，把事情做好了，钱自然而然就来了，而不是一直盯着钱，抱着有钱就干没钱就不干的工作态度。如果一个人只盯着钱，而没有对工作的常性、耐性，我也肯定不敢要的。

以前看过的一篇文章中提到，在 Facebook 这家公司，入职员工的起薪是 110 万。这些年薪 110 万的年轻人，他们拿着高薪，却依然会工作到半夜，而且非常积极热情，因为他们的目标是改变世界，成为另一个扎克伯格，而不仅仅是为了 110 万的年薪。这就是穷苦年轻人和年薪百万年轻人的最大区别。文章最后这样写道："那些让 Facebook 挥舞着 110 万年薪拼命挽留的年轻人，都不是追求110万年薪的人。"读这个故事的时候，我想到一个朋友。

我的这个朋友最近拿到了130万年薪的Offer，而之前他只有几十万的年薪。这种薪水的翻倍，简直是业内的奇葩了，但仔细想想，他确实也值得这样的待遇。为什么呢？我可以负责任地说，我的这位朋友是我身边不可多得的，用"匠心"精神和心态去工作的人。以前我总跟他说他的薪水太低了，赶紧找老板，不给加薪就赶紧走，他的才华值得更多的钱。他总跟我说，他没那么在乎钱，但却更在乎老板和团队是否能让他学到更多的东西。他希望自己是个牛×的设计师，而不是一个到处跑场的钱串子。相比金钱，他更在乎的是学习、进步的机会，这些机会让他对自己的工作充满了热情。而在挑选自己下属的时候，相比聪明和天赋，他更看重团队成员对工作的热爱和兴趣。只有热情和态度，才能决定你在这一行究竟能干多久。

每次跟他聊完天，我都会觉得，现在这样的人太少了。当所有人都一门心思地朝钱看的时候，还有人的目标是匠心，而不是金钱，这听起来可笑又傻气，但仔细想想，这可能才是一种更大的智慧。人在30岁的时候，还能保持这样的心态去工作与学习，真的是很难得。**当你追求的目标不再是金钱，而是事情本身的时候，只要把这件事情本身做得越来越好，金钱和名望自然而然就来了，根本不用去追。**

我们每个人都非常想赚钱，并且充满了强大的热情和欲望。但究竟什么才是我们赚钱的核心呢？说到底就两个字："能力！"如果你想赚钱，首先看看自己有什么样的能力，比如写剧本当编剧，懂教育当老师，哪怕会做咸鸭蛋都是很棒的技能，都能赚到钱。但首先你要有这种技能，其次才是想自己该如何去赚钱的问题。但我们大部分人的思考模式却不是这样的。

很多人根本不想着要培养自己的能力和实力去赚钱，而且只盯着钱本身，天天喊着"我要努力赚钱"，可具体到怎么努力、怎么赚钱，就迷茫了，然后吐槽社会不公，没有自己的机会。看见别人做什么赚了钱也扑上去做，但自己并没有这个能力，于是做了个开头就气馁了。大部分人不愿意自己下功夫培养一下某些技能，可能有些能力只需要三个月就可以初见端倪，即便如此，他也觉得太漫长，无法等待。

此前曾有个朋友跟我说："你说我现在开始写作，跟你一样，能赚钱吗？"我说不能，他问我为什么，我说："我写了七年了，我是在用七年的时间和坚持在赚钱，不是用随便拍拍大腿打打字在赚钱啊。"朋友问我："那你说我现在干点什么能赚钱？"我说："你要没什么特别的能力，那你做做代购，朋友圈卖卖特产吧，我有朋友在朋友圈卖水果也挺赚钱的，月流水二三十万呢。"朋友想了想："我可不想卖水果，现在哪儿还没个水果卖呢？代购多 Low 啊，而且还要有本钱呢。"我想想，没再说话。

我没说的是，我那个朋友圈里卖水果的朋友，最开始就是个账号，从最开始的卖咸鸭蛋和外贸衣服开始做，然后慢慢开始卖点应季水果，现在卖的都是我们根本没见过的世界各地的水果、糕点、奶制品什么的，月流水二三十万，自己也赚得相当不错。不过她的目标并不仅仅是做微商卖水果，她开始研究实体店，估计过不了多久，都会有自己的品牌了。

●你的傻，快把你的职业生涯毁完了

小王刚被公司开了，前几天来找我吃饭，谈起离职的原因，她跟我说："我那老板太贱了，我都工作三年了，也不给我升职加薪。你说我还干个什么劲儿？结果他还把我给开了，说我今年老迟到，上班也心不在焉的。他都这样对我了，还指望我能好好工作？当我傻吗？"

我问她："那你今年好好工作了吗？"

小王说："当然没有了，我也就使个五分力吧，省点力气我还能干点别的呢。我都上网看小说什么的，反正又不会给我升职加薪，谁给他好好干啊。"

"所以你就混了一整年？"

小王说："对啊，我应该早点辞职的。现在感觉就业情况不好，很多地方我这个年纪都要当中层，我还做不到，底层我又不愿意。都是老板这些年耽误了我，不然怎么会找不到工作？"

••如果你没有能力，即使有机会，那机会也不是你的。

很多人都是这样，觉得老板又傻又贱，不给我升职加薪，对自己不够好，肯定是针对自己。自以为付出和收获不成正比，就开始混日子。想着有朝一日跳槽甩了老板。但是混着混着，觉得不费功夫还能拿不少工资，于是一混就是好几年。等把自己的年纪混大了，竞争力混没了，被扫地出门了，才开始后悔怎么没早点走。可是，你这么混着好几年老板吃亏了吗？你混的是你自己的日子和前途，怎么还跟占了大便宜似的，怎么想的呢？

很多人都觉得，我就在原来的公司蛰伏着，只要机会来临了，比如猎头给我一个天大的好机会，我就立刻跳槽，可是这么想着想着一年两年三年就都过去了。而你都从来没有努力过，你怎么知道下一个机会来临的时候你一定能够抓得住呢？如果你根本没有这份能力，即使机会来了，你也根本不会抓住，这样的机会对你来讲根本不叫机会，这叫别人的机会。

••老板为什么一直不给你升职加薪？

有次上外教课的时候，有一个互动话题就叫作：老板为什么给你升职加薪？讨论的时候，很多人觉得自己完成工作任务，并且表现得非常出色，就应该被升职加薪。

但我记得我的老板曾经跟我说过一句话：**"你完成了本职位应该做的工作并不能给你升职加薪，你要达到了你的上一级职位所要求的能力，才可能给你升职加薪。"**也就是说，你如果只做到本职的工作要求，只能说明你在这个岗位上合格了，但并不表示你有能力胜任更高位置的要求。当你表现出能胜任更高位置的能力要求的时候，才是你升职加薪的时候。

这句话我一直都记在心里，每一次觉得自己不平衡的时候，都要去公司官网看一看，比自己更高一层的职位描述是什么，需要的工作能力是不是能够达到，如果达不到，那自己什么都别说了。如果能够达到，才会拿这些要求去找老板要求升职加薪。

你看，其实很多人都有这样的误区，觉得我工作做得够好了，你为什么不给我升职加薪？你肯定对我有意见，给我穿小鞋。可是哪一个领导不希望自己的下属能够成为自己的左膀右臂呢？只有这样，领导才会更加轻松啊。不然领导还要承担更多的责任，谁愿意这样做呢？

••公司和领导确实不好，那到底该怎么办？

有人问说，那我公司和领导真不好，我该怎么办？我一点都不喜欢我的工作，所以下班后我去做其他事情，但这样的生活很分裂，上班很痛苦，下班继续工作也特别累，我是应该在这里待着，还是应该跳槽？

其实每次看到这样的问题，我都觉得很困惑，既然这么不喜欢这家公司，不喜欢这个岗位，也不喜欢每天要做的事情，为什么你不直接跳槽呢？为什么一定要用八小时去做一件痛苦的事情，然后每天只挤出来两小时的时间去做自己呢？

有句话叫喜欢就爱，不喜欢就散。这句话不仅适用于爱情，也适用于工作。

你选择一份工作，那么这份工作总要有一点点能够吸引你的东西，比如喜欢的工作内容，比如说好的领导，不错的薪资，等等。如果这些东西都没有，你为什么待在这里不走呢？为什么不去换一份工作呢？

很多时候其实并不是别人对我们好不好的问题，而是我们习惯用别人对自己的好坏来决定自己的行为。领导好我就努力点，不好我就不努力了。可是在职场的人都知道，一日不努力看不出，日日不努力一段时间就能被落下很多很多。自己觉得这不好那不好的时候，看看公司那些如日中天的红人们，他们怎么就那么出色呢？就像我们小时候总抱怨学校不好老师不好，可班级里照样有顶尖的优等生。

到底是自己不够好，还是真的环境不够好呢？自己真的努力过吗？还是任性地在用自己的前途干傻事儿呢？

● 我拼命努力，只是不想和你一样过"差不多"的人生

朋友鼹鼠前段时间发了一条朋友圈说："如果你觉得累，就看看我，我要照顾刚满月的女儿，还要读书，写书评，写专栏。"

一些朋友过来问我："鼹鼠这是要干吗啊？至于这么拼命吗？差不多就行了。"

你觉得差不多就行了，是因为你们根本不是同一类人啊。虽然我们交流次数并不多，但我特别尊敬她这样的人。她是非常努力和拼命的人，当然，生活也特别幸福又美好，无论是物质还是精神，无论是工作还是家庭，处处人生大赢家的模样。

你不追求并希望自己也能过这样的生活吗？还是你希望过出门就因琐事跟邻居吵架，老人看病都不敢看账单的日子？

●● 你这么说，只是为了安慰自己而已。

有一次跟一个朋友谈合作，当时她马上要生了，怀着双胞胎本身身体负担就大，还在马不停蹄地操着心谈合作。前段时间我跟她的下属谈合作，中间她在群里伸个脑袋出来说话。我问她："你生完了吗？"她给我晒了晒双胞胎女儿的照片，表示生完了，一边照顾孩子，抽空可以跟我谈工作了。我发给她们一个资料，她第二天凌晨 4 点就给我写了回复意见，我想了想，估计她是在给孩子喂奶，一边喂奶一边写给我的吧。

很多人觉得，疯了吧，干吗把自己弄得那么累？

哦，不为什么，这只是她的常态，根本算不上拼命，而且，她早就财务自由了，自己还经营着两家公司，这个工作量对她来说算是玩儿吧。

很多人一看到别人努力，就特别为别人担忧。怕人过劳死，怕人人老珠黄，怕人太过辛苦不孕不育。其实是自己太悠闲了，面对别人飞速的进步和努力，自己不敢正眼看，心里又内疚，于是假装劝诫别人，其实只是为了安慰自己。

自己做不到，就希望别人也别做。如果别人非要拼命，最好落个不好的下场，如生病了、离婚了，这样自己心里就好受多了。只可惜，那些人过得越来越好，生活越来越富裕，看到的世界越来越大，小孩子越来越知书达理、成绩好。然后，你们就走向了不同的人生。

••大部分人看到差距的时候，并不愿意承认是自己的努力不够。

我与A和B都认识，前几天我拉黑了A，想起来我也是个傻子，怎么没早发现。

B是个特别自律的人，刚刚生完孩子。整个孕期，她都严格按照医生的要求控制饮食，还请了私人教练，指导自己在孕期做一些运动。因此，整个孕期B只有肚子变大了，身体几乎没什么大变化，依然美美的，生完两周看上去就跟以前一样了。

小A问我："B肯定是孕期得病了，孩子肯定不健康，看她那么瘦。"

我说："她一直很控制饮食，而且一直有教练跟着，瘦是很正常的，她本来也很自律。"

小 A 说："怀孕还自律个屁，谁怀孕不是胡吃海塞的，你看着吧，她肯定是自己身体有病才胖不起来。"

然后我就拉黑了她，你才有病。

大部分人看到差距的时候，并不愿意承认是自己的努力不够多，就像不愿意承认自己智商就是没别人高一样，总去强调社会制度等外力原因让自己不得志，反正不是自己的错。尽管人生已经走向了不同的方向，却总不自知地觉得你们还是一样的。更可怕的是，总觉得自己吊儿郎当过的日子跟别人特别努力过上的日子差不多，因此，当有一天发现人家早就不是自己想象的样子的时候，就开始背地里诋毁和中伤别人了。

••不用羡慕别人命好，反正你没戏。

我有个朋友小令，很多人都知道她，因为她太过优秀了。北京大学毕业，又考上了哈佛大学研究生，读研的时候就开始创业，最高峰一天赚 10 万。我原来在我的书里写过她的故事，很多人问我："她一定家境优越，能让她这么折腾，她父母肯定特别支持她，我父母连我兼职打工都不让。她可真命好。"

其实呢？小令是单亲家庭，曾经很穷，大学时候每天打一份最便宜的饭菜。她英文不好，只能天天苦学，终于收到了哈佛大学的 Offer。一天赚 10 万也是真的，不过是拼命拼来的。

小令第三次创业做餐饮时，为省钱自己找店铺位置，自己亲自敲钉子做装修，采买各种锅碗瓢盆，还专门环游了全世界两年学厨艺。开店没多久，就拿到了近千万的投资，迅速开了很多家店。

很多人在微博上问我：

"你朋友小令的店招人吗？我想去打工。"

"在她店里工作是不是能免费吃？"

"我要是有她这么好的命，我也去创业了。"

你觉得她命好，是因为你没见过她半夜两点还在工作，店里菜单被竞争对手偷走模仿，自己撑不下去的时候在马路边哭的样子。

不过，就算你没看见，也应该能想到，一个小姑娘开了这么大的餐厅，需要多大的辛苦和勇气，怎么能觉得是因为她命好呢？

不过，她命是挺好的，有一个聪明的脑子，一份坚强的意志，以及为梦想特别拼命的行动力。那些看了别人好就想去蹭一杯羹的人，不用羡慕别人命好，反正你没戏。

··我特别讨厌别人跟我说："差不多行了。"

我是个做什么事都特别认真的人，所以我特别讨厌别人跟我说："差不多行了。"

什么叫差不多行了？什么叫差不多？

很多人一辈子都是差不多的人生。

小时候上学觉得差不多就行了，于是一路十几年都是中等生，美其名曰自己发挥失常；

上班了做事五分力，然后怪老板瞎了眼不给自己升职加薪；

结婚差不多就结了，感叹婚姻真是爱情的坟墓，再也不相信爱情；

养孩子差不多得了，最后发现别人家孩子就是比自己家的好。

平时差不多就行了，关键时刻你就会差很多，时间长了就会差太多。日子久了一回头你会发现，你变成了自己当初最讨厌的那种人的样子，并再也无力改变自己。

感叹年少轻狂什么的有意义吗？回忆青春热血有意义吗？羡慕或诋毁那些曾经跟自己一样，但现在把自己甩开八条街的人有意义吗？

你什么都没努力过，你只是一直在叨叨叨。

你的人生，也就差不多这样了。

●很多人问我你怎么那么爱钱，所以我想说说

我的家庭不富不穷，就是万千普通人家的样子，父母都是国企职工，全靠我妈精打细算，日子过得尚可。但从我高三那年父亲去世开始，再加上我马上上大学，家里明显缺钱。我还记得第一次跟我妈来北京动物园，中午一份 10 块钱的盒饭都不舍得吃。那时候我妈一个月赚 600 块钱，给上大学的我一个月 300 块钱的生活费，虽然当时这 300 块钱让我吃吃饭也够用了，但想要更多就要自己赚钱。

我当过家教，每周三四次，晚上黑灯瞎火地自己一个人回学校。

我做过促销员，站在超市里，因为性格内向，被同事挤对不让我加入他们的团队。

我卖过东西，将自己的学习笔记打印出来卖给不写笔记的同学看。

我用赚来的钱，疯狂地报班学习，然后再用新的技能赚更多的钱。

我的实习，从大三下学期开始。那段时间我每天上下班要花 2~4 小时，连续 14 个月一天都没缺勤。

正式上班了的我，月薪 3000 元，当时觉得钱不够用——房租高、吃饭贵，就开始给自己订计划，每个月尽量不用工资卡里的钱，找机会写文章赚稿费。几十块钱也写，用商品顶账也写。好不容易攒了一些钱的时候，我妈要做牙齿方面的手术，我觉得这钱我必须出，不然我妈不舍得做。于是 8 万块钱一次性花光，卡里只剩下 2000 元。从医院出来的时候，我却觉得很轻

松，因为感觉自己又可以重新开始了。

很多人说我爱钱，那是因为我穷过，知道没钱什么都办不了。我一个人还好说，但我还有个妈，我可以穷着过，却不能让她穷着过晚年。我小时候我爸妈每天给我一个鸡蛋、一斤牛奶、两个鸡腿地养大我，我还这么年轻，凭什么不能为他们的生活努力拼命？

除了白天上班，下班后我做过代购，做过中介，熬夜通宵写文章。写书，拍电影，被骗过不给钱，也被很多陷阱缠身，还差点打了官司。但我一点都不后悔，如果时光倒转再来一次，我还会这么过。

我经常跟我那想要挣钱的助理说：想挣钱就不要挑挑拣拣的，只要是正当渠道，清清白白的钱，我们都要挣。我们都没到挑活儿的时候呢！

那会儿我的很多读者问我：星姐你怎么不谈恋爱啊？

哪有时间谈恋爱，没把我妈安顿好，谈什么恋爱？有什么心情谈恋爱？

那时候想得最多的是，以后怎么办？就这样跟我妈过两地分居，一年回老家一次的生活吗？当然不可以，我得把我妈接来。

老人都喜欢自己的房子，看着出租房怎么都别扭，经常被楼下老太太挤对，说我在家走路声音太大，让她心脏病都犯了。我悄悄打听哪里有小户型，跑去找中介问，最低首付的房子是什么样的，多少钱，然后给自己设定一个目标。每攒够 5 万就丢给我妈存起来，一直到我攒够了最低首付，买了一套很小但足够两个人一起住的小房子。

现在，我们的生活不再像以前那么拮据。但拼命努力地赚钱，依然是我的习惯，就像一台停不下来的发电机。

很多人觉得我辞职在家，又怀着老二，可以休息休息看看书带带老大就行了，老公工作也很不错，我不需要太拼命。但是，天知道辞职只是我更忙碌的工作的开始。

整个孕期我每天都在工作，一个月只有最后两天稍微放松点，想到新的一个月要来了，经常焦虑得睡不着觉，有至少十次对着工作想吐。

到了预产期我还得提前半个月完成之后一个月的工作，忙到住进了医院还在找客户改内容。

进手术室的前一小时，我还在发公众号的文章，出院到家的第二天就去书房打开电脑开始工作。

老有人问我：你不累吗？就不能好好休息吗？

累，怎么不累，不仅累，我可能脑子还有病。

我总是很严格地要求自己，总担心如果我真的不工作了，全家的重担就要交给老公一个人，万一有一天他做得不愉快想辞职了，都会没有退路，因为要养活全家。我希望他工作愉快，能够为了自己的梦想而努力工作，而不是为了养活全家老少这个重担。

因此，我对自己的要求是，忽略老公的收入，假设他一分钱收入都没有，我的收入能不能养活全家：两个孩子，三个老人，还有我和他，还有房贷。这样，未来任何时候，老公可以因为任何原因不工作，而全家依旧可以正常运转，这是我的目标，一直努力的方向。

　　我们都是普通人，普通北漂一族，没背景，没父母支援，只是因为自身的勤奋和努力，过着尚可的生活。所以除了自己努力，还要心疼对方，我们两个虽然有时候会因为工作焦虑和生气，但谁也没有真的什么都不干。

　　有个朋友对我说："真羡慕你，辞职了还能自己挣钱，我就没这个能力。"

　　千万别这么说，我也羡慕你，甚至嫉妒你，你爸妈给你买了三四套大房子，还一套比一套大，买房对你家来说跟玩儿似的。

　　真的，不是反话，真羡慕。自己累的时候，真羡慕人家。

　　但自己没有，怎么办？不能抱怨，抱怨没用，对我们来讲，父母健康就是最大的福报，没有什么奢求。就是自己挣，自己多勤奋多辛苦。我们爸妈没法给我们，所以我们努力给爸妈。

　　有人问我：以后你们会把房子什么的留给孩子吗？

　　说实话，不知道，如果我中了彩票买了一堆房子会给他们一人一套吧。但至少现在来看，我更希望他们自己先去奋斗，**无论男孩女孩，年轻就是要自己去打拼**。一毕业什么都给置办好了，以后的人生还能折腾出什么来呢？爸爸妈妈就是这么走过来的，为什么你们不可以呢？

　　老公说："如果早点遇见你，估计现在我都是富豪了。以前我对金钱物质没什么欲望，认识你之后才被你带得爱钱。"

　　其实不是爱钱，是爱我，爱这个家，我也一样。我们都不舍得对方太辛苦，所以都拼命逼自己。我们都爱钱，爱物质，但都是爱自己，爱挣钱这件事情。我的所有衣服、首饰、包包都是老公给买的，家里的七七八八上上下下孩子吃穿都是我买的。我们都对给自己花钱没什么兴趣，我们努力勤奋地工作，只是为了让所爱的人能轻松愉快地生活，不为钱所累，需要的时候有，老有所依，幼有所养，就是这样。

你可能想问：所以你的梦想就是挣钱吗？也不是，也有很多其他的梦想。但我是个很传统也没什么情怀的人，就想着要先安顿好老人和孩子的生活，再去追求自己的梦想。

很俗吧，或许让你失望了，但，这是最真实的答案。

●不要等做了自由职业者之后，才后悔不知道这 4 件最重要的事

到 2016 年底，我已经辞职三个月了，此前连续工作七年，连 10 天完整的休假都没有过，决定要辞职的时候，感觉未来的时间大大地有。可以无休止地躺着看书，想几点起床几点起床，工作日别人上班我带孩子去游乐场玩，再发几个朋友圈炫耀一下，哈哈哈，爽歪歪啊。

结果，辞职了没几天就发现，起初辞职是要做全职妈妈的，结果变成了自由职业者。自由职业者，最大的特点不是自由，而是忙，也由此带来了很多曾经从未看到，也从未思考过的问题。

••钱和时间，是自由职业者最大的担忧。

很多上班族觉得，能当自由职业者，那一定是自立门户了呀，肯定不缺活儿，赚的都是自己的，肯定也不缺钱，真是太爽了。

事实上，哪有这么好的事情呢？上班的时候，自己除了到公司往座位上一坐，连饮水机都摆在你面前。你要做的就是打开电脑工作，其他所有的一切都有人帮你打理。就连你脚边的垃圾桶，都一人一个的配好，还有人帮你倒垃圾。但只要你自己一个人开始做事，大到创业，小到在家接私活儿工作，水都没人给你倒一杯，纸也没人送你一张，这才是自由职业者真实的样子。

很多人问："我也想辞职自己干，可是没有客户群，吃饭都是问题了，我

该怎么找那么多客户呢?"

其实，很多自由职业者刚开始的时候，并不是客户遍天下。每一个客户都是实打实的自己争取来的。把第一个活儿做好了，客户可能给你第二个，或者再推荐别的人来找你，慢慢地才能打开自己的关系网和客户群。自由职业者一开始，通常都是用高性价比来吸引客户，有时候有熟人、有关系，也许会更加简单一些。

还有一个，就是时间，上下班有固定的时间，即使加班，下班后的时间基本上可以不去想工作，回家就是老婆孩子热炕头。但自由职业者不同，24小时除了睡觉几乎是随时待命的状态。就算你在吃饭，客户一个微信过来跟你讲修改意见，你就恨不得立刻放下碗回电脑面前继续改。做了自由职业者，能自由支配的时间反而更少了。

我算是特别幸运的那种，一辞职就有客户来找，也因此，全职妈妈的计划被迫变成了自由职业者的状态。孩子醒的时候要陪孩子，孩子睡觉的时候去工作，一天到晚忙得马不停蹄的。辞职三个月，客户越来越多，经常吃着饭或者周末在外面玩的时候客户都会来找，这个时候才发现，忙乱其实并非单纯的时间管理，还有一个更深层次的问题，叫"自律"。

·· 自律，才是自由的保证。

很多人都幻想过，辞职了肯定有大把大把的时间，想干什么干什么，然后给自己列了一大堆的计划。然后发现，真的辞职了，每天都在浑浑噩噩地过日子。上班的时候觉得时间挺漫长的，辞职了才发现，一睁眼就中午了，吃完饭还没干啥就下午四五点了，再过一会儿天就黑了。浑浑噩噩出不了俩礼拜，心里开始发慌了。看着别人每天有规律地上下班，在朋友圈里晒大伙儿一起吃饭、工作、加班的照片，越发地怀疑，自己是不是脱离社会了？

现在很多人偏爱时间管理这个概念，买很多书，听很多牛人分享自己的时间规划。但其实光有合理的时间规划并不足够，关键是要能够执行，并将这种时间安排养成自己的习惯，这才是最重要的。每次执行的时候，克服内心和行为上的懒，就叫自律。把自由的日子，过得跟上班一样规律，才能让自己的日子真的有点自由的味道。

去年休产假的时候，我给自己列了很多计划，结果一本书都没看完，说是每天要照顾孩子，可事实上也并没有怎么辛苦地照顾。浑浑噩噩了几个月后快上班了我才感觉到，自由散漫的日子要没有了，才后悔起来。想到过去浪费的时间，很内疚又很生气，觉得自己懒得无可救药了，关键是，我还不知道如何救治自己的懒。

这次辞职后最大的改变就是给自己制订了计划，像上班一样的计划。越到客户多、忙乱的时候，越要严格地按照自己计划的时间来安排工作。比如几点起床，几点开始工作，几点开始做饭，几点带孩子出去玩，什么时候上早教和去游乐场，周末如何安排，等等。自律性越高，自己的时间和效率越高，自己的积极性和内心的愉悦感也会越强。

••做选择的时候，不要贪小便宜。

当初决定辞职的时候，我就已经发现自己怀孕了，很多人劝我："你在公司再混一年，怀孕也不敢开了你，还能有那么久的带薪产假，多划算啊，还能领各种生育津贴，这时候辞职太傻了。"

你自以为的极限，只是别人的起点

但那个时候我已经笃定要辞职了，也决定了之后要做什么事情，决定之后就要行动，不能因为一些小便宜就随便改变自己的想法。可能在很多人看来，怀孕的时候主动辞职太傻了，但对我来讲，我做了自己喜欢做的事情，在儿子最可爱的时候陪伴他，每天都能看到他的变化和成长，当然也赚到了比以前更多的钱，我亏了吗？根本没有亏啊。

可如果我依然混迹在公司，怀孕也做不了太拼命的工作，但自己还拿着工资，看着别人忙忙碌碌的，心里就会特别内疚，这种内疚感会一直折磨我，无论我生孩子，还是休产假，都不会非常安心。有了两个孩子必然无法再继续工作，到时候辞职，那岂不是利用了公司？这样我的内疚感会更大，内心也更加不开心。更重要的是，错过了儿子最可爱的时候，等我一年后再辞职，他已经去幼儿园了，朝夕相处的日子永远都不会再有了。

直到现在，很多人仍不解我为什么怀孕了还要主动辞职，但我却在这次选择中学到了重要的一课，那就是：不要为了贪点小便宜，改变了自己已经做好的决定，特别是物质上的小便宜。

••要赚钱还是要学习新东西。

当自由职业者的时间久了，我发现周围好多人都不上班，都是自己坚持着做点什么。有人卖东西，有人做微商，有人接私活儿，有人开培训班，人间百态，应有尽有。到30岁的年纪，大家多多少少都不算太缺钱了，因此只要赚钱有进项，能过得好就成了。

很多人羡慕这种生活状态，但我每次看到朋友们发的朋友圈，看到他们参加各种培训，和大伙儿一起工作，和客户一起讨论问题，总会觉得，**这两种生活状态不仅仅是是否上班和赚多少钱的问题，而是不同的未来。**

虽然上班没有自己做事赚得多，甚至没有朋友圈卖水果赚得多，但上班是一种让你自身能力步步提高，能不断看到自己进步的事情。明年的你比今年的你，在能力和见识上会提高很多，每天都能做一些局域挑战的事。但自己做事，很可能一年都在卖水果，你会想到未来吗？一直卖水果卖30年吗？五年后，曾经的同事成为总裁，成了行业大牛，自己呢？除了多赚了些钱，还是在卖水果。卖水果没什么不好，但仿佛没有那么多能力和社会认知上的进步。

因此，即便是自由职业者，要做的不仅仅是赚钱，更多的是为自己制订进步的计划，比如学习，比如依然要适时地参与社会性活动，让自己不要只在自己的小圈子里面打转。即便是做单一重复性高的工作，也要不断地拓展自己的接触范围，提高自己的能力，这样才能让自己不落伍，还能保住虚荣心啊！

做自由职业者三个月，所思所想所体会的，比以前上班七年还要多。或许是因为现在什么都要靠自己，无论是工作还是生活又或者是对孩子将来的安排。未来这种状态还会持续很久，但每走一步多思考多寻找不同的可能性，才是让日子不无聊的最好办法。

思考、行动、坚持、自律，这是我在做自由职业者三个月后，发现的4件最重要的事。

●结婚生子前后，女人一定要有钱

·· 真正让女人一生无忧的，是自己有能力过好一生。

朋友小 A 曾找我，说想要离婚了。我大吃一惊，毕竟孩子刚一岁多，最辛苦的日子都熬过来了，怎么就离婚了呢？小 A 说："结婚之前觉得他对我挺好的，家里也挺有钱的，现在有了孩子，我也不上班了，开始还行，时间长了，老公和婆婆都有意无意地暗示我去上班挣钱，说有了孩子家里挺紧张的。其实哪里是没钱，是看不惯我吃闲饭，这日子还怎么过？"

我问她："在家带孩子当然上不了班，可能你老公压力比较大，但你不是之前一直在上班，也在自己赚钱吗？她们看不惯你，你可以花自己的钱嘛，干吗要离婚呢？"

小 A 接着说："我哪有钱啊，结婚了不想太拼了，工资就那么一点点也没加薪，再说老公家挺有钱的，我那么努力干什么？而且，养老婆孩子不就是男人该做的事情吗？"

顿时我也不知道该说什么了，感觉这道理讲不明白了。但我知道，又是钱钱钱。

钱钱钱，婚姻的第一杀手。基本上90%的婚姻生活出现问题，都会有钱的因素从中作梗。是男人在婚后不爱你了吗？是你生完孩子就没价值不愿被人当宝养着了吗？都不是。

婚姻本身就是两个人的，孩子也是两个人的，如果不是家庭条件特别好，那么两个人的收入都是家庭支柱，这是现实。我周围也有一些女生生孩子之后在家待着不工作超过一年，老公和婆婆渐渐都颇有微词，各种暗示让她们去上班。

可能你会说，这男人真不是人，女人做全职妈妈的价值就不被认可吗？对，这个道理都对，但不是所有人都能懂，也不是所有人在爱情和现实的压力下都不会变。没结婚可能想不明白这个道理，觉得真爱应该能抵御一切，可现实的压力比罗曼蒂克来得猛烈得多。

很多女生在结婚前都想要嫁给高富帅，觉得这样就能过上一生衣食无忧的生活，可现实生活里，真正让一个女人一生无忧的，不是优秀不优秀的男人，也不是好不好的婚姻，而是自己有足够的能力，过好自己的生活。不论两人的经济能力势均力敌也好，或者稍有差距也好，总之，自己先经济独立，养活自己，这才是婚姻经济基础里最大的保障。

•• 我自己有钱啊，钱就是底气啊。

我的美容师是个马上要结婚的小姑娘，每天走街串巷地上门去各个客户家做美容，特别辛苦。有一次跟我谈起了未来生活的计划，她说："很多客户跟我说上门美容太辛苦了，女孩子没必要做这么辛苦的工作，但我要是不工作的时间长了，我婆婆肯定得叨叨。现在我还没结婚，就是要自己多赚钱，以后要是我不想做了，我也有的是钱，我想干吗就干吗，她看不顺眼也不能说我什么，我自己有钱啊，钱就是底气啊。"

有钱就是有底气，多简单的道理。可大部分人不懂，总觉得结了婚就把赚钱养家的任务交给男人就好了。靠不上就是你对我不够好，就是你变了。把一生的物质和精神依赖都交给另一个人，当对方迫于经济压力扛不住的时候，不是对你不好了，是真的真的扛不住了。这个道理，对谁都一样。

有一次金星采访杨幂："如果你想给你爸妈买一套房子，你会跟刘恺威商量吗？"

杨幂说："不会的，因为我买得起。"

钱就是底气，这个道理不光在单身的时候要听，在婚姻生活里更为重要。如果你留意一下周围人家里闹心的家长里短，就会发现这些事情无不跟金钱有很大关系。小到家里谁多花了钱，大到房产署名，说白了就是金钱关系罢了。比如说："商场里看上一件两三千块钱的衣服，老公非说那个几百块的适合我，难道我就只配穿几百块的衣服吗？"

"老公偷偷给他爸妈钱，并没有给我爸妈，他怎么能这样，一看就是个妈宝。"

"生了孩子在家当全职主妇两三年，老公工作越来越忙，我一说买什么他就说没钱，他就是对我不上班赚钱有意见了。"

"婆婆看我不顺眼，因为我穷，觉得我高攀了她儿子，我该怎么表示我是真爱呢？"

"结婚他们家没给彩礼，也没说给买房子，是不是我太不受重视了？"

其实这些问题都很好解决，就是你自己努力赚钱，自己有积蓄，最好结婚之前自己就有一定的经济基础。

老公不给买自己买，别说几千，买几万的他也没话说。

老公不孝敬你爹妈自己孝敬，给你爹妈金山银山又怎样？

老公给你脸色你甩出一把钱扔他脸上让他滚，没他一样活得滋润体面。

婆婆看不上你，你甩给她一撂钱告诉她："你儿子我包了，你别说话。"

没给彩礼那你也不给嫁妆，没房子我自己买得起，以后你们来我家看我脸色就行。

Who Cares？就这么简单。

••结婚生子之后，太多女性先懈怠了自己。

我的一个男性朋友结婚不久后跟我说："这女人呀，就不能结婚。我太太结婚前挺上进努力的，现在天天不想上班闹着想辞职在家看韩剧。我虽然养得起她，但这么下去也不是事儿啊。"

很多父母觉得，女孩子就是应该嫁个好人家，一生过平稳安康的生活。很多女孩子根本不屑，觉得自己才不想要什么安稳的生活呢，自己奋斗过精彩的生活才是最想要的。结果一结婚，反倒马不停蹄地一个个懈怠下来。

结婚以后不应该更加努力为小家庭奋斗吗？有孩子以后不应该更努力地给孩子赚学费吗？为什么反而就懈怠了呢？很多人说，我结婚了准备要孩子了，还那么努力工作干什么？我要带孩子啊，哪有时间自我提高？

我周围有很多女性，结了婚一样过得精彩绝伦，论经济能力简直是个印钞机，感觉该没安全感的是她们老公；还有很多妈妈，带孩子和自我提高两不耽误。跟我一起上课的有很多都是全职妈妈，很多都是住在很远的地方，有的甚至带着孩子来上课。

· 184 ·

当然，优秀不是必须用金钱来衡量，比如我还认识一位高能全职太太，把家里四个孩子和老公的生活打理得井井有条。不久前她自己做的花式月饼，好吃程度堪比五星级酒店，看着她每天晒的一日三餐，我都觉得她们家人简直太幸福了。关键是她自己保养得还特别好，她最大的孩子都工作了，她自己看上去却只像30多岁的人，每天美美地生活，料理家务照顾孩子和老公。我不禁跟朋友感叹："我要是个男的，我心甘情愿养她一辈子啊，太完美太高能了，这样的女人谁不爱啊。"

关于女性价值的讨论，一直以来众说纷纭。女性的价值有很多种，不仅仅是金钱，更有其他，但关键是，你好歹体现出一种来。**最可怕的不是你不够努力，赚不到太多钱，而是用婚姻和孩子当挡箭牌懈怠了自己**，美其名曰照顾家庭，可天天老公一上班就在家里看韩剧，孩子也带得乱七八糟的。有一天老公出轨了，就跑出来哭诉："我为了你放弃了工作没有了朋友，你怎么能这样对我？"

之前有个网友跟我说，有了孩子以后，老公也不愿意给孩子花钱，自己全职了好几年，婆婆也看自己不顺眼。等孩子上幼儿园了，自己顶住一切压力出来做点小生意，赚了不少钱，现在自己能养活自己和孩子了，每天过得开开心心的，婆婆和老公反而态度好了起来，甚至把她当女王一样供着。她终于明白，不是老公变了心，而是之前自己以孩子为借口懈怠了自己。与其把未来的幸福交给另一半和变化不定的婚姻，不如自己多努力赚钱。当一个女人有能力过好自己的生活的时候，她周围的一切才都会好，她也才能为自己的人生做主。

第四章
学习，
是件让你受用无穷的事儿

浩大的世界，
充满着竞争。
你要想过得越来越好，
就需要你的能力来支撑。
提升能力的途径，
唯有学习。
学习，
无论何时都是一件让你受用无穷的事儿。

●我为什么从不屏蔽朋友圈里做生意的人

　　我的朋友圈里有很多卖东西的人，他们有做微商卖一些奇奇怪怪的东西的，有卖海外代购的产品的，还有卖保险、卖燕窝、卖房子的等。很多人很讨厌朋友圈里卖东西的人，纷纷屏蔽或删掉，但我从来没删过他们，除了买买买以外，我还会每天睡前刷一遍，定期浏览复习。因为这些人不仅给我提供了方便的购物渠道，最重要的是，教会了我很多别人没注意到的事情。

••几句话就让别人掏出钱来的文案写作能力。

　　世界上有两种东西最难，一是把自己的思想装到别人的脑袋里，二是将别人的钱赚到自己的口袋里。朋友圈做生意的文案，就做到了这两点。这其中最厉害的当属卖保险的、卖房子的和卖女性保养产品的，我给大家举几个例子：

　　… 卖燕窝的：

　　曾经认为女人善良就很好了，直到有一天看到一句广告语：一味地标榜内在而忽视外在，那是一种肤浅的女人。女人应该看起来是优雅的，闻起来是香的，摸起来是滑的。希望我们60岁走在大街上还有小帅哥向咱吹口哨，到那时咱可以抬起咱优雅的玉手告诉他，我是你奶奶……

　　… 卖保险的：

　　曾流行这样一句话："为什么你生病要我来为你捐款呢？为什么要别人为你买单呢？"含泪筹款，不如含笑投保，在你有能力的时候给自己投保，不至落魄时没尊严。保险是一种生活方式，求人不如求己！将来的你，一定会含泪感谢现在投保的自己。

… 卖房子的：

最后一周的买房机会，回望你的看房历程，你看过的房子是不是都已出售了？当初你觉得这房哪哪都不合适，现在你觉得那房哪哪都挺好的，只是可惜了，一比较价格又涨了，只因当初你少了一分对我们的信任，我们的肺腑之言、苦口婆心你视而不见，觉得我们就是专门来挣你佣金的，一年又一年的总是有人欢笑有人悲，我只能呵呵。

想掏钱吗？心酸吗？想崇拜地跺脚吗？这种看着就让人欲罢不能的想掏钱的文案，不是谁都能写出来的，简直就是我们学习的范本。很多人说学写作啊，文字不生动啊之类的，朋友圈微商不就是我们身边的例子吗？当然，不是让咱们去卖保险，而是学习这种思路，直击痛点，当场溅血，立刻买单。

••滚雪球般勤劳致富的过程历历在目。

我观察过我朋友圈里几个做代购的整整一年。我记得刚认识他们时，他们都还是用下班后的时间，倒买倒卖点从国外亚马逊网站海淘来的东西，比如洗发水、沐浴露，吃的喝的什么的。那个时候跨境电商平台还没太大，小代购们像蚂蚁搬家一样，让我认识了很多国外新鲜有趣的产品，更重要的是我慢慢看着他们搬运的包裹越来越多，卖的种类也越来越丰富，有几个代购看起来已经辞职并且开始招代理分销了，淘宝店也做得特别红火。

我有时候看到他们觉得很感动，那种一点一滴都是自己动手努力，再一点点像滚雪球一样壮大起来的感觉分外触动人心。作为上班族，我做得最多的就是团队合作，很少能看到自己的力量能有多大。很多人问我，我想做什么什么事情，但我不知道自己能不能行。其实就像这些代购一样，从买货、安排国际快递、等待物品（有时候还要承担运输损坏的风险），再自己写文案、卖东西、产品上架、发快递、收款、维护客户关系，一个人做这么多事的时候，他们也不知道自己到底能不能行，但就是一项项地去做了。并且在这一过程中有一种一点一滴为生活更美好而打拼的幸福感，这和上班下班按时领工资的感觉完全不同。

每次自己急于求成的时候，想想他们，内心就会说服自己慢下来。

••维护客户，从力挺客户开始。

2015年年底，我的书《当你的才华还撑不起你的梦想时》上架第一天，朋友圈里做代购的、做微商的，纷纷跑去当当网买书，最多的买了100本，最少的也七八本，有的发给团队集体学习，有的作为礼品做活动，如满1000元送本书等。在这些店铺中，有的我根本没买过东西，有的只是介绍过几个客户，有的我买过但也不是什么VIP。因此，我很感动也很震惊他们这种贴心和用心。

曾看到一位单亲妈妈写给我们共同的奶粉代购商的感谢信，感谢她在自己孩子生病的时候，帮她在朋友圈里找到了特别稀有的药品，在孩子每次生病的时候给她各种指导和帮助，让她觉得不仅仅是买卖关系，更是朋友，是恩人，是无所不谈的闺蜜。这才是客户关系维护的最高境界吧。

很多人说，朋友圈里的人做生意，都特别赚钱，感觉他们就是大骗子，买他们东西的傻子明显脑子不够用。可这些简单却难以做到的生意经，我们在自己的日常生活和工作中能做到多少呢？写不出让人想掏钱的文案，吃不了一天 18 小时工作的辛苦，拖延症和懒癌让自己难以进步，背地里总骂客户是傻子，这却是我们的常态吧。

其实朋友圈里做生意的人并不讨厌，他们可能会频繁地刷屏让你看不到想看的东西，他们可能总发些你不需要不喜欢的东西让你烦躁，他们可能赚钱太多让你嫉妒让你不爽，他们的营生可能让你觉得 Low 还看不起，但在他们日复一日的坚持和成功里，总有些精神和内容值得我们用心体会。**从每个人身上学一点能让自己更加强大的东西，你才会越来越好。**

换一个角度看就是，学习，无处不在。

●成年人世界，智商在一个层次的人才能在一起玩

有段时间身体不好，天天在家休养，就追了一部剧《欢乐颂》。当剧中的魏渭给 Andy 发了一个字谜的时候，Andy 翩然一笑，淡定自若，又充满兴趣。高智商高水准的较量，一览无余，帅呆了。我迷恋这种高智商高水平的较量。

这部剧给人耳目一新的感觉，真实、刻薄、犀利，剧中人物就是生活里的我们，但其实以前有电视剧也类似，用不同的人物形象，塑造完全不同的生活圈子。不同的主人公，看似圈子不同，也能成为互帮互助的好姐妹，但也只能是互帮互助的好姐妹，无法再进行更深层次的交往。与其说家境不同、背景不同、能力不同，不如说智商不同。

智商是成年人世界里划分三六九等的最重要因素。我不是刻薄，我自己深刻地体会过，体会过被别人甩了不带我玩的经历。

我大学三、四年级在北大做交流生，作为一个二本的学生，就算我说 100 次高考发挥失常，也没有用。多少分就是什么水平，就算我在二本学校里再牛再突出，来了北大，连上课都跟不上。

什么叫跟不上呢？比如西方文学课，别人看一本书，能写 2 万字的读后感当小考试作业，我连简单的人物关系、复杂的人物名字都没搞明白，坑坑巴巴凑了 2000 字交了。比如别人每天上课、社团活动、外出实习、参加

竞赛，考试照样 98 分，我什么事儿没有光学习只能得 70 分。比如别人在图书馆一摞摞全英文的教科书唰唰扫，我拿本英文杂志从头看到尾都需要点时间。

有一次在听广告的课程，我下课后问了老师一个问题，老师抬头看了我一眼，冷冷地问我："你不是北大的学生吧，你不像。"我愣了一下。其实我问的问题也没多低级，但从眼神、从反应、从语气里就是能看出来。这事儿我一直记得，无论日后我自己变成什么样，我都会记得当时老师那轻蔑的口气，和一眼看穿我的窘迫。

成年人的世界，只有智商在一个层次的人，才能在一起玩，哪怕只是逛街。

后来很多人问我，你怎么去北大交流的，怎么去的？我也想去。你看我就没这个资源，所以我就成功不了。其实，在不在北大很重要，但更重要的是你的智商，智商不够，去了也没用，一样跟不上被人耻笑，我不就是个例子吗？

很多时候，不是你没有资源，而是你的智商，让你到不了那个资源圈子里。就算你小聪明混进去了，大家高手谈笑风生的时候，你最好的保全自己的方式就是，别张嘴。

很多人说，特别讨厌剧中的小蚯蚓，觉得她傻透了，而且朽木不可雕，自己生活里要是有这么一个人，一定离得远远的。大家都喜欢聪明的 Andy 和小曲。当然，在剧中他们两个人的社会地位和资源也是最高的，但仔细想想，喜欢她们是因为她们有钱吗？不是，是机灵，是聪明，是智慧。

在职场上你可能会经常听到这样的话："我不喜欢跟不聪明的人一起合作。"说这些话的人，往往自己很聪明。很多人听到这句话会觉得不舒服，大家智商都差不多，偶尔一两个人反应慢些，你不能这么看不起人啊。

有些人之间的合作，你说了 A，他就知道你要做 B；但有些人之间的合作，你详细地说了 180 遍，对方还是没听懂。如果是你，你怎么选？

智商这种东西，是个高端玩意儿，虽说大部分人的智商差不多，但不同的教育程度、周围环境、所受的熏陶，慢慢可以把人与人之间的差距拉开。那些跑在前面的人，经过对自己的各种严苛训练，越跑越快；而落在后面的人，开始慢悠悠地自得其乐，还嘲笑前面的人不懂生活。当差距拉得再大的时候，不同的阶级就产生了。

大多数人觉得阶级的产生是因为钱，因为资源，没错，但成为有钱人，或者成为有资源的人，也同样是用智商赢来的。

我是个智商一般的人，尽管跟我共事的人都说我聪明，但我总觉得自己只是小聪明，在大智慧上很欠缺。我曾在一本书中读到过一句话，这也是我在大学最苦闷的时候点亮我的一句话："当你在暗夜里独自努力奋斗的时候，不要觉得孤独，你要想到，这世界上有千万个牛人正在跟你一起奔跑。你要努力奋斗想办法，和这些牛人打成一片，有一天你不仰慕别人的时候，你才会成为牛人。"

这句话支撑了我很久很久，每当我在学校里得了第一，觉得自己牛的时候，我总在想，北大清华的同学在做什么，在考什么。我去他们的学校，读他们看的书，和他们一起上课，让自己的自满和骄傲被疯狂打碎，再重塑。

我是一个有点自卑的人，我周围的人都不相信，大概是打碎的次数太多了。很多人觉得我很拼，其实是因为，每当我觉得自己很努力的时候，我总会觉得，我拼命地努力，可能只是人家一个挥挥手、眨眨眼的起点，这个差距，让我看清现实，也让我自卑。

我把自己一步步逼到绝境里，希望自己能变得更好。不见得智商成为180，但至少跟别人工作交流的时候，不要让别人翻白眼，也不至于见到仰慕的人，没话说。

我依然有名校情结，我在工作中遇到的所有人几乎都是国内外名校毕业的，跟他们说话我依然会自卑。但也是这种自卑，让我仰慕高智商所带来的高水平的较量，就像美丽能干的 Andy，让我迷恋那种绰约与优雅。

●你是如何离梦想越来越远的?

新的一年已经开始，一年一度的比学赶帮超立志比赛又开始了。大家又开始畅想未来。你以为日子会越来越好，离梦想会越来越近吗? 时光不会改变一切，如果你自己没任何改变，不信你看看，自己中了几枪?

••一学习就犯困，一买书就哭穷。

总说要学习，也明白学习的道理，但拿起书就开始犯困，学习超过一礼拜就觉得自己了不起，坚持看了一个月书就恨不得告诉全世界。

买书更是了，吃喝玩乐低于 200 块都觉得太便宜，出门逛街买买买袋子都提不过来，但让你买本书，20 块钱都嫌贵。让你上个课向别人学个小本事，就觉得各种划不来，左问右问下不了决心。等下定了决心，早卖完了，又开始假装后悔，好像自己很爱学似的。

朋友妮妮有篇文章里写道:"老妈 30 年来每天早晨 5 点起床料理全家的餐食，自己只是早起了一年写作就觉得自己太了不起。"这句话挺警醒的。

••想挣钱觉得没渠道，因为你没能耐也不想学啊。

我写的有篇文章提到了一个特别努力的朋友，来北京几年就月入 10 万了。有读者问:"我以为告诉我怎么变有钱呢，问题是我没他那种渠道啊。"你有渠道也白瞎啊，你什么能耐都没有，也不想学，就想着空手套白狼，有没有捷径什么的。你要找到了也告诉我一下。

••看不到别人的优点，使劲儿看别人的缺点。

与人相处，看不到别人的优点，满眼都是别人的缺点，这也不如自己，那也不够好，觉得自己牛 × 得不得了，啥都看不到眼里去。恃才傲物，总觉得全世界都跟自己不配。

对自己宽容又自信，都不知道哪儿来的自信，自己犯错误都可以原谅，别人少说一句谢谢就打入冷宫恨不得拉黑永生不再相见。

••固守自己的小圈子，拒绝尝试新鲜事物。

遇见新鲜事物,觉得一定是骗子。不肯做新的尝试,等自己落后了开始后悔，讲述自己当年本来也可以如何如何，好像自己真做了现在就是比尔·盖茨似的。永远固守在自己的小圈子里，看着外面的天一天天发生巨变，以为自己活得挺好。等被时代甩开了，才觉得自己想努力不知道从何下手了。

••老觉得自己怀才不遇，是因为你根本没怀着才。

你觉得自己不喜欢现在的专业,现在的工作,现在的公司,现在的同事。总觉得大家都不能让你发挥自己的才能,觉得各种不适合自己。总觉得最好的地方在别处，天生我材必有用。其实不是工作、公司、同事不适合你，是你根本没什么才华，去哪儿都是一样的。

天下没有怀才不遇这件事，只可能是你根本没怀着才。

·· 稍微努努力就怕过劳死，也是太惜命了。

你放心，以你的努力程度，离过劳死还远着呢；而且以你的惜命程度，稍微晚睡一小时，一定会给自己补个大懒觉。看到别人拼命，总觉得对方一定身体不好；看到别人收获多多，总吐槽身体不好赚再多钱也没用。

只是，大部分人，努力又勤奋，钱多身体还很好。

·· 总安慰自己岁月静好，看见别人更好又嫉妒得不得了。

想要岁月静好没什么错，并不是所有人都必须努力奋斗。但当看到别人的成功，无论是有钱有名，都别嫉妒别闹心就行。大多数人只能做到前者，看电视、嗑瓜子、吃吃喝喝岁月静好，但一旦看到自己身边的人，或者十多年前的老同学现在混得好得不得了，就按捺不住了。

不是造谣，就是诬陷，带着浓浓的嫉妒心，恨不得把别人说得各种心机各种污，只有自己是白莲花。只不过，别人依然优秀得不得了，而你依然渣啊。

·· 心态暴躁，花一毛钱就觉得自己是大爷，你们都要把老子伺候好。

现实生活里不得志，就容易在别人身上发泄。稍微花点钱就觉得自己是大爷，谁不把我伺候好就使劲儿吼。不允许别人对自己一点点不恭敬。快递送晚了就要投诉，大雨天送餐晚了就骂骂咧咧，没有一点包容心和体恤之心。

••看别人学啥都想学，生怕自己落下，但学啥都坚持不了两三天。

别人有的，自己都想要，别人学的，自己都想学。手机软件下载了一大堆，没有一个能坚持看过三天；一到打折就买书，一大摞放着一年看不了三本。大部分的时间都用来刷手机。总是在寻找能让自己学习更高效的学习软件和学校，其实最好的软件是你的"坚持"。

••什么都不曾做过努力过，就觉得自己将来一定是大人物。

什么都不曾做过努力过，就觉得自己将来一定是大人物，一定能干大事业。看周围的人都觉得 Low，自己清高得要命，但自己到底还是跟周围人一样。遇到比自己强的人，总觉得别人有不可告人的背景；遇到不公平的事情，总安慰自己是因为没这样的好命。

哪里有那么多的运气、机遇和伯乐，大多数人的成功，都只是因为他们长久的坚持和努力，而你，光看着别人的亮丽光鲜，内心做各种腹诽，又谈何实现梦想、跻身优秀呢？

●你把钱花在哪里，决定你过上什么样的生活

以前我上班的时候，座位对面有一位女同事，孩子七八岁，眼界宽广，知书达理，兴趣广泛，一看就是个机灵少年。她每年都会在孩子放假的时候，带孩子或者全家老小出国深度游一个月。年假不够的时候，就请扣工资的假，总之一年两次出国雷打不动。每次出游少则十来万，多则二十多万，被我们称为土豪。每次土豪潇洒回来发礼物，我们都戏谑她说："土豪妈妈你好有钱啊！"有一次她跟我们说："我不是有钱，我只是愿意把钱花在这件事上。"

这句话我印象很深刻，到今天我一直都记得，并且给了我很大的启发。其实在我们的生活里也是如此，我们大部分人并不是缺钱，而是分配不同。比如有人愿意花两万买个包，有人愿意用两万买套课程，有人愿意用两万买化妆品。**把钱花在哪里都是个人意愿，并没有什么对错，只是把钱花在哪里，你就会收获怎样的人生。**

我刚入职的时候，带我的领导是个二十六七岁的女生。她那时候工作了三四年，每天特别简朴，永远都是黑西裤、白衬衫、黑皮鞋。毕竟我们是外企，她这身打扮看起来一点都不如其他女同事时髦和洋气。每天吃饭都是呷哺呷哺（火锅连锁店）和麦当劳，很少有兴趣跟别的同事一起去吃点他们认为高档的东西，或者慕名去什么地方。因为是我的领导，所以我接触得比较多。我发现她特别专注于工作，每件小事都事无巨细地研究，晚上一个人加

班到很晚，做什么都特别苛刻，周末也不休息做私活儿挣钱。有时候听到别人背后议论她，我也觉得很奇怪，为什么这么青春的年纪，不去好好打扮谈恋爱，这么严肃认真干什么？没多久，我转正的时候，她离职了。她拿到了美国凯洛格商学院的 Offer，同事说，她这些年攒了 100 万，拿着这些钱去美国读 MBA 了。后来我们就再没有了联系。前段时间，我在 Linked in 上偶然看见她，发现她已经儿女双全，并且已经在某个著名的投资公司做副总裁了。

我的一个认识了 15 年的高中同学老高，熟悉我的人都知道我经常在微博上打趣她。十年前我们是高中同学，她长得又黑又胖，天天不学习在我床头嗑瓜子。大学三年级的时候去日本交换，然后留在了日本。到目前为止，在日本开了两家饭店，但她最喜欢的还是买买买，用各种化妆品、包包、衣服打扮自己，并且做代购，我的很多读者、朋友都是她的客户，而且都夸老高太美了。老高跟我说："老赵，我就不太能理解我家人老买房，其实我不是没钱买房子，只是我喜欢把钱花在这些衣服、包包、化妆品上，我觉得我把自己打扮得好看了，自己就特舒服。"现在的老高，已经出落成大美人儿，白富瘦美，虽然年过三十，但精致灵动（跟优雅没沾上，因为老挤对我），走到哪里都是一道亮丽的风景，回头率超高。偶尔翻出小时候的照片，跟整了容似的。你看，把钱花在打扮自己上，能让自己发生翻天覆地、整容一般的变化（整容可没有她美）。

每当我们看到别人在某方面一掷千金的时候，总会感叹一句："你好有钱啊。"其实并不是他很豪，只是对方喜欢在某方面花钱。比如喜欢买房子的，可能有好多套豪宅；喜欢旅游的，年纪轻轻就走遍世界各地领略异国风光；喜欢读书的，早就成了荐书达人。其实把钱花到什么地方，并没有什么对错，人生的每一个领域都是一种学习，一种精进。但是要知道，当你花在一个方面的时候，另一个方面就会自然地有缺失，你不能什么都想要，什么都要得到。你把钱投入到哪里，决定你成为一个怎样的人，过上什么样的生活。

不过作为年轻人，我还是觉得，我们可以在买买买的时候，多匀一点金钱和时间投入在学习上，毕竟增长才干有助于我们挣到更多的钱，花在自己想要买买买的地方。

●不给钱，却还那么理直气壮？

我的很多出了书的朋友，都遇到过一个同样的问题，就是总有读者要求免费送书，或者发给他们免费的电子版。问到为什么，他们总是说："我穷啊，没钱啊，你又不差一本书，给我一本呗！"

每次遇到这种事，大家都很生气。为什么生气呢？不是为自己的利益受损，而是为不被尊重而生气。写一本书，至少要 10 万字以上。有的人要写一年，有的人要昏天暗地写一个月，这样的辛苦让你花几块钱买个电子版都觉得不值当，你说气不气呢？如果你是个写书的人，电子版卖 0.99 元，你的版税提成只有 0.099 元，读者还要求免费，你会怎么想呢？

前一段时间有个朋友做了一个写作群，每人收费 99 元，因为有助教批改作业，他还邀请了一些牛人周末来分享，总要有点经费运作。每期只收 30 个人。有人在下面留言：为什么不免费？这东西还要收钱？

为什么？不给钱，还那么理直气壮？

澳大利亚曾经有段时间很风靡打工旅行，就是你去澳大利亚的农场工作，摘香蕉啊、种棉花什么的，农场主负责你的三餐和住宿，你可以利用不上班的时间去附近玩。很多中国的年轻人都趋之若鹜，每年一开申请就立刻爆满。其实这就是一个最基础的等价交换。大家都是成年人了，如果你想要什么，就要付出些什么，要么是自己的辛苦和时间，要么是金钱。还有一种就是现在很流行的留学生住家里，免费住，甚至免费吃喝，但要辅导户主家孩子的英文，这样留学生不用付住宿和吃饭的钱，孩子不需要付外教费用，一举两得。这个模式现在非常火爆，很多中介机构都报名者如潮。

其实我们并不穷，可能买不起房子和车，但买一本书，买一件设计作品的钱是绝对不缺的，我们所缺乏的，是为自己想要的东西付费的理念，即等价交换的理念。加上中国人很要面子，磨不开面子就容易答应，答应过后自己难受，最后两人都不舒服了，都觉得自己特委屈。

平时的工作中我也有许多的合作者，不管和这些合作者的关系如何，每次我都会为他们争取我能争取的最高的价格。很多人问我，你跟他们关系这么好为什么就不能让他们便宜点？为什么不能免费？为什么不让他们免费给咱帮帮忙？我觉得这样的话我说不出口，我觉得占用了别人的时间、精力和脑细胞，我就应该为此付费，没钱我也要给点别的。如果我没有钱没有能给的那就自己去做，如果请别人帮忙就一定要用酬劳的方法感谢别人。这不是熟不熟，认不认识的问题。越是熟悉的人，就越应该学会彼此尊重，才能让友谊长存。

平时我经常会被别人约稿，我最讨厌的就是约稿的人跟我说："帮帮忙，我们公司没什么钱，这次活动也没有推广经费，你看你写东西也不难，帮个忙呗。"以前我真的很善良地帮忙，但换来的是越来越过分的要求和无休止的约稿，有时候连一句谢谢都没有，还要改好几遍。现在我明白了，纯商业的东西，没有钱就别推广了，要么自己做别找人了。

在很多次难过和翻脸之后，我明白了，只要你想要别人的劳动成果，就要付出一些自己的东西，比如金钱，比如时间，哪怕是一顿饭，这是一种尊重，尊重对方的时间、精力和付出，也是尊重对方的劳动成果。这应该是成年人必须学会的一堂课。

当然，这世上不是没钱就一定不能做任何事情的，很多事情没有钱我们一样会去做，很多事情不是钱能做到的，也不是钱能衡量的，比如慈善，比如帮助那些真正困难的人和家庭。但前提是你要对对方有足够的尊重，如果你觉得对方的一切都是不值钱的，没必要付钱的，那还是不要谈感情，太伤钱了。

可能你会觉得，星姐原来你这么势利啊！我不是势利，我是现实。**我们每一个人都希望得到别人的尊重和对自己价值的肯定，因此我们也要学会肯定和尊重他人。** 当然，这么想有点难，有一个方法就是，每当我们想免费得到什么东西的时候，换位思考一下，你会觉得心里舒服吗？你愿意吗？你会觉得自己被肯定和尊重了吗？如果没有，就告诫自己，别再这么做了。

我以为，人与人之间最重要的，不是挣多少钱，以及谁比谁多挣了多少钱，而是要学会彼此尊重，这种尊重可能来自于你没有钱，但是你有一份心意；可能是你没有钱，但有一份尊重和感激别人的心；也可能是你有钱可以付点报酬；更有可能是你付不起钱，但是你愿意去努力赚钱，直到有一天你可以用自己的努力去表达对别人的尊重。我觉得，这是我们作为一个成熟的、懂事的成年人应该有的自省和品质。

　　有人会说："我就是穷，就是没钱，但我就想要，怎么办呢？"没什么怎么办的，去赚钱啊。二三十岁的人，知道自己穷还不去努力赚钱，只天天喊着穷。你穷别人就该什么都给你吗？穷就能理直气壮地坐享其成吗？

　　还有人说："我没能力一下子赚那么多钱的，可我想要新手机和新电脑啊。"那你还是去赚钱，慢慢攒钱吧，攒到你买得起为止，或者先买一个二手便宜的。我人生的第一个笔记本是我上班后用自己攒的1200元钱买的，虽然是个二手的，但我用了很多年。谁的钱都是一点点攒出来的，没有人一脚踩个雷，炸出一堆钱来。

　　我儿子在院子里认识好多小朋友，经常会有小姐姐小哥哥把自己的零食分享给他。他年纪小，也不会手里拿着吃的到处跑，但每次都会转身问大人要零食，再送给哥哥姐姐一起吃。他可能不懂什么等价交换，也不懂什么回报大家，只是单纯的"你给我，我也给你"，仅此而已。

　　别再借口自己穷就堂而皇之地问别人要，别再因为认识或熟悉就不给钱，别再觉得没付钱就是占了大便宜。花钱当然会让我们心疼，占便宜当然会觉得开心，但我们要学会为自己想要的东西做等价交换，这样我们才能得到更多。

●越长大，活得越像智商欠费了一样

··越长大，越无能。

曾跟一个香港的前辈吃饭，他突然问我："是不是你们上大学，都要父母送到大学里？最近好几个员工请假，都说要送孩子去上大学，还一请就是俩礼拜，是这样吗？"

我说："是啊，一般父母都会去送吧，你们不会吗？"

他很惊讶地跟我说："当然不会了，我儿子初中去加拿大留学，我就把他送到机场，以后都靠他自己了。你们难道不是这样教育的吗？"

"好像，不是，吧。"我回答他。

我上大学的时候，也是我妈送去的，注册、转系、交钱、报到、办饭卡什么的，折腾了两天，我妈才回去。

那时候的我们，基本上都只会学习，出远门也都是跟父母一起，自己单独或者跟朋友一起的时候，基本上连本市都没有出去过，更别提一个人出远门去上大学了。就算考到本市的大学里，父母也会担心肯定不能顺利注册和报到，必须得亲自跟着去才放心。

但那个时候的我们，一心希望父母赶紧放手啊，广阔天地，终于轮到自己纵横驰骋了，简直太爽了！可是，你有没有发现，经过了四年大学的锤炼，走进社会以后，我们越来越无能了。

··活了二三十年，反倒什么都不会了。

我收到过很多人的来信，从原来的每信必复，到现在的根本不想看。不是我懒，也不是我高傲，而是我觉得那些问题，不知道怎么回答，比如说：

"家里不富裕，父母工资就 800 多块吧，但我想去留学，特别想，但父母不希望我去，该怎么办呢？我感觉无法保护自己的梦想了。"

"星姐，上次你推荐的学习网站我去注册了，但我不知道从哪里下手开始学习，能不能帮我梳理一下？"

"星姐，我下班就想躺着看电视，没办法继续学习读书什么的，你说我该怎么办呢？"

"星姐，我马上要辞职去北京上班了，我的公司地址是XXX，我不知道怎么租房，你能不能在我到之前，帮我找个房子，不要太贵……"

起初，我没觉得什么，只是觉得无法回答，不知道从哪里下手回答。直到有一天我带孩子在游乐场里玩，看到很多小孩子爬高上梯的，他们的父母都远远地坐着看，孩子摔倒了就会喊一声："自己站起来！"那个瞬间，我突然意识到，两三岁的孩子都在努力自己站起来，二三十岁的年轻人问出的这些问题，有点让我不知道怎么去想象。

活了二三十年了，不会提前找房子，不会体恤家庭和父母，不知道从哪里入手学习，不会安排自己的生活。我写的有篇文章，提到了生活品质的重要性，有人问：

"能不能教我怎么做代购？"

"我上班很烦，下班也不知道做点什么，请问我怎么能财务自由?"

我却很想问，二三十岁的人了，怎么反倒是越长大越退化了呢?

••与生俱来的天赋，到成年渐渐丧失了。

有次高中同学老高问我："生孩子到底是为了什么?"

我想了想说："以前我也不知道，可能就是觉得结婚了就应该有个孩子吧。但现在每天看着孩子长大，经常会为生命的神奇而震惊。比如，没人教他走路，说话，唱歌，但他慢慢就都会了。一岁多的孩子，他什么都不会说，单靠各种手势和表情跟你对话，还都不影响生活。他有自己的思想，知道自己想干什么，不想干的坚决不干，特神奇。但当我们成年之后，这些能力都慢慢丧失了，变得越来越幼稚、无能、异想天开，更丧失了很重要的学习能力。"

有时候，观察孩子久了，会慢慢联想到成年人，还会把这两个年龄段的人放在一起思考，并时常觉得特别震惊。以前看到教育书里说的——我们要向婴儿学习，做好婴幼儿启蒙等观点，我都没有办法感同身受，总觉得那些观点都只是教育学上的一些噱头罢了。等自己有了孩子，开始近距离接触孩子的时候，才发现生命的神奇，并且总会担心，自己的无能是否会耽误了孩子自身天赋的发挥。

教育的职责在于不断保护并开发更多的生命自身的天赋，不断修正和整理自由天赋的内容。这个教育，不仅仅包括父母、学校、家庭对孩子的教育，也包括成年后的我们对自己的教育。但大多数时候，我们习惯把一切原因都转嫁给父母，家庭，社会，唯独忘记了自我教育和自我学习的重要性。

·· 人生哪有那么多不会，就是懒！

我记得我儿子第一次下卫生间的台阶的时候，不断地摔，不断地重新爬回来尝试，站着下，摔倒；蹲着下，摔倒；扶着墙下，不摔了；不扶着下，一遍遍试，两天之后，学会了。

我看着他的这个过程，一直看着，特别感动。

人生哪有那么多不会，就是懒。没逼到你那个份儿上，就什么都懒得动。

不知道怎么能瘦下来，说明遭受的打击还不够大；

背不会单词，因为还没有由于英文不好错失了什么良机；

不知道怎么赚钱，因为还不是那么缺钱。

如果有一天，因为太胖，被人甩了；

如果有一天，由于英文不够好错失了月薪好几万的 Offer；

如果有一天，家里弹尽粮绝，孩子嗷嗷待哺，老人求医无钱；

你就什么都会了。

有次看到了这样一句话："你以为你什么都不会，等你失去了所有的依靠，就什么都会了。"

生活里，我们需要经常逼一逼自己，比如日子安逸的时候想想，如果这时候家里变穷了自己能有什么办法；如果家人突然生病暂时不能上班了自己该怎么养家；三个月让你学好外语就能公费外派留学，你该怎么争取；如果突然地震了房子和钱都没了，你要怎么带领全家重新面对生活……

现在的我们，要么一人吃饱全家不饿，要么比上不足比下有余，活得太安逸的时候，需要给自己一些危机感。开口说自己不会不能不行的时候，先想想自己到底尽力了没！

●辞职半年过得挺好，为什么还想回去上班呢？

辞职半年了，我虽然每天在家里也工作，还能每天陪伴孩子，过起了让很多人羡慕的生活，但总的来说，还是挺想回去上班的。

以前特别流行一种文章，说自己工作了很多年，在公司里非常压抑束手束脚，终于决定辞职去行走世界，拥抱人生云云。起初自己也挺认同的，工作嘛，总不会那么自由自在。同一份工作做得久了，会产生厌烦情绪，开始怀疑自己的人生是不是就这样了。再看看万千世界，看看别人的朋友圈，感觉这不是自己想要的生活。

可实际上，辞职了就真的可以拥抱理想了吗？辞职后就一定能甩开膀子随心所欲大干一场了吗？辞职后就真的过上了自由自在的生活了吗？

这个问题的答案在于反过来看，上班到底带给了我们什么？

••公司是一个让你做事有资源，说话有人听的平台。

以前我的文章里写过一句话，就是打造个人品牌是很有必要的，如果有一天你离开这家公司了，你还有自己的名头，你还有自身的价值，这是一个人在职时候的重要工作内容之一。

辞职后我见过很多也辞职了的人，每个人都想做点什么事，比如自己喜欢的，好奇的，有热情的。但都特别难做起来，无论之前你多牛。每个人都会有同样的问题:"我自己一个人势单力薄,这个事儿该怎么起步呢?"

社会是很功利的,你帮我我帮你,咱俩有利益关系的时候,恨不得拥抱在一起做亲兄热弟,但一旦利益关系结束,就可以相忘于江湖了。有感情吗?当然有,但不多。当一个人辞职了,自己没有平台和背景能给别人什么资源的时候,自然也很难得到什么。

当然,辞职后最大的感受就是自己曾经工作的大平台没有了,你就是自己一个人了。起初朋友圈里还有一堆前同事给你点赞互动,到后来慢慢都没有了,感觉自己发朋友圈还挺多余的。没有了工作平台和背景,很多人都把你删了。现在你的背景、靠山和平台都没有了,你只有你自己了。

••可能会觉得同事们都很钩心斗角,但彼此都是生活中的美味佐料。

在家里看过一些职场小说,虽然小说里讲到职场中各种明争暗斗、笑里藏刀、暗箭难防,但看上去还是挺有意思的。辞职后基本上没有这样的生活了,就只剩下自己一个人面对电脑天天噼里啪啦打字了。虽然生活和收入一点都没耽误,但是生活里总还是感觉缺少点什么东西。那些曾经在你身边熙熙攘攘的人群,和哇啦哇啦的电话声都没有了,也不需要每天早起晚睡看着时间上下班什么的,也没有工作餐时间大家一起出去吃饭、八卦,顺便逛逛商场了。上班的时候觉得挺烦的,但真的不上班了之后,也觉得还挺寂寞的。

人一旦不出门,就越来越不爱出门了。以前上班会早起刷牙洗脸化妆找衣服，现在想几点起几点起，反而越来越不爱动弹，哪怕是朋友约见也觉得需要耗费很大的力气。

很多人说，辞职在家的全职太太最大的问题是失去自己，比如经济。其实经济并不是最重要的，毕竟现在很多人在家里做点什么，都会有点小收入，关键是接触的人和圈子。我认识不少经济不差的全职太太，日常生活也就是带孩子吃喝玩乐，以及在家做做花艺晒晒一桌好菜，并无二致。开始挺有趣也吸引目光，时间久了，也没什么人关注了。连我自己，经常看到别人发朋友圈晒辞职生活都觉得，没啥正经事儿吗？估计别人看我也一样。

说白了，就是少了很多人在你身边吵吵，就觉得单调，人就是这么贱。

••职场能给到的互助型锻炼比单打独斗要大得多。

某周跟小伙伴吃饭聊起自己辞职做自媒体。小伙伴已经是营销圈子里的红人了，随便一篇约稿的稿费就是他当时工资的好几倍。于是小伙伴果断辞职了，准备自己单干。但我还是建议她，哪怕留一个兼职的身份也好，因为钱虽然多了，但职场能给到的锻炼比自己干要大得多。

简单说，工作是什么？表面上是你来一个公司为老板打工，但同时你不得不承认，工作的每一天每一个环节，都在与他人进行合作和学习。无论是本公司隔壁桌的人，还是其他合作公司的伙伴，再或者是行业里的人。只要在公司工作，你会不由自主地被人推着往前走。

我们都有这样的感受，**当遇到一个超级困难的项目，自己做得快要疯**

掉的时候，其实是自己进步最快的时候。 每一次升职加薪的时候，回过头来看，会发现自己被那些当初的困难时刻一步步推着向前走，并且一步比一步迈得更大。表面上自己每天都在朝九晚五地来来去去，但不知不觉中，自己已经成为能独当一面，甚至带领团队的人了。再往前走一点，自己可以在行业里认识更多的大咖并与大咖们学习和对话，这是特别有成就感的一件事。人毕竟只有在社会圈子里，才能更深刻地感受到自己的价值和存在感。

至于说单打独斗，成功暴富，这样的例子当然有，但如果没有强大的自制力做保证，没有积极学习，努力进取的态度和日复一日的耕耘，形散神更散的日子，很快就会到来了。

我上课的学校在一个特别好也特别繁忙的写字楼里。每次进去，都能闻到旁边咖啡厅的咖啡香。我想起刚毕业上班的时候，每次从地铁出来进入写字楼时，都会闻到面包店的面包香气。那时候，我还没闻到过这种现烤的面包香，总觉得太美好，这样上班每天都太幸福了。虽然现在一切似乎更好更完美更令人羡慕，但我还是会想起那些乱七八糟的职场生活。

现在的我不会说，职场生活压抑了我的天性，辞职才能大干一场之类的话，也特别讨厌看那样的有关辞职的文章。我相信职场生活带给人的，不仅仅是金钱，还有更多无法名状的内在，比如一个人进入社会后的状态与气质，形成的圈子与影响力。这些内容塑造了现在和未来的我们，甚至会影响我们一辈子。

所以，如果你还在上班，多想想正面的东西，不要总觉得上班都是坑；如果你已经辞职了，多去接触社会吧，不要总窝在家里，即使可能在家工作也能赚钱不少。

●读了那么多书，你有独立思考能力了吗？

有次偶然看到了朋友圈里有人发出的上海某外国语小学的家长面试题，是三道开放性问题，乍一看我还有点蒙圈，不知道学校想要怎样的答案。思考完这个问题之后，我为自己感到悲哀，读那么多书上那么多年学，自己依然无法独立地去思考，还总要想着出题方想要什么样的答案，而完全不想自己该怎么作答。

身为一个家长，虽然孩子小，但我也挺关心教育的。我加入了一些教育群，有课外班的，有上学的，等等。可以看出，受够了应试教育的爸妈，都在诟病应试教育劣势的同时，把眼光放在了西方，在羡慕西方孩子琴棋书画样样精通的时候，对自己孩子的教育极端重视，从孩子三岁开始就将他 / 她送到各种培训班连玩带学，一年几万的学费都不在话下，目标都是将来出国留学。但**西方教育从小就有一项最重要的能力培养，那就是独立的思考能力**。比如，从小就要读很多书，学会使用图书馆和网络，并对老师留的开放性问题提出自己的想法。在这一点上，我们输得很惨，并且总也补不起来。

这个问题的出现，不是因为家长不培养孩子，而是家长没有这个能力。我们中的大部分人从高中或者从大学开始，每当遇到开放性问题考试，无论是开卷考试或者论文考试，都恨不得拿出百度百科上的内容来抄，或者拿出书本来抄，想一想，我们有过一次通过自己的独立思考，按照自己的独立理解来作答的时候吗？ 99% 的人没有。我们都做不到独立思考，拿什么来培养孩子呢？

如今特别流行的，就是每个人都在秀自己一年读了多少本书，仿佛一年读不了 100 本书人生就很失败。但有多少人愿意去读一本自己完全看不懂或者跟自己的领域完全不同的书呢？有多少人真正独立地思考过每一页书、每一个字、每一个道理究竟能怎样运用到生活和工作中呢？你是否会将相似内容的书横向纵向比较，融会贯通，形成自己的思想呢？大部分人都是匆匆地为了读书而读书，从未有过思考。因此读了好多书，读完就忘了，更别说培养自己的思考能力了。

那么读完一本书该如何思考呢？其实书评就是一个很好的方式。每当有人问我如何能记住自己读过的书的时候，我会经常建议他去写书评，也经常推荐书评群给朋友圈里的人进行约稿。但大多数时候，想要免费要书写书评的人很多，但很多人写不出优质的书评来，不是写得跟书完全没关系，就是把目录名言警句抄了一遍。其实不是不会思考，而是懒得思考，觉得记住几句名言就得了呗，还自己费劲巴拉的想啥？是不是？

我在刚刚毕业的时候每天特别忙，跑得特别快，周围的人都觉得我一定有很大的进步，但我总觉得自己每天都在疲于奔命地往前跑，经常在晚上停下来的时候，想不起来我到底干了什么。那个时候，有个老师跟我讲了"停下思考，是为了更好地奔跑"的道理。

我开始尝试着这样做，每当我有一段时间跑得焦头烂额的时候，都会停下来仔细想一下这段时间到底发生了什么事情，大家的做法自己是否认为都是对的；如果我独立处理这件事，我会怎么办，是否跟领导的方法一样；我的差距是什么；哪些地方我没想到；不断地总结不断地归纳，就像小时候上学要有个错题本总结一样，总能有平时意想不到的收获。

大多数时候，我们总觉得自己特别努力，特别辛苦，特别累，但我们的效率似乎并不高。其实主要是因为缺乏思考。我们疲于奔命地读了很多书，上了很多课，听了很多大咖的演讲，上了很多手机微信的课程，但从来不总结也从来不带任何的回顾。然后呢？我们记住了什么？独立的思考能力，并不仅仅是一定要发表出自己的某种言论和思想，而是一个让自己的大脑总结、思考、归纳以及串联与并联的过程。其实就像小时候上学一样，做了100本练习题，不如把一本书里做错的题目巩固好、分析好。单疲于奔命地往前跑，谁不会呢，但思考会让你明白下一步，你应该往哪个方向奔跑。

回到前面小朋友思考能力的话题上。有一天，我在我家楼下的阅读馆里，见到了一个小女孩。当时阅读馆里正在举办一个恐龙博物馆分享活动。阅读馆里一个著名的老师在给20多个小朋友和家长分享恐龙的知识，然后进行提问。当老师提到第三个问题的时候，叫起了一个小女孩。她声音非常的洪亮，说话特别快，一听就是脑子特别快的那种孩子，还不停地说不停地说。当她回答完老师的问题，老师示意她坐下的时候，她完全没有要停下来的意思，还在不停地讲：这个恐龙跟她知道的哪个特别像，都生活在什么世纪，特点是什么，为什么会灭绝，她又是在哪里的博物馆以及书里见到过更多的资料，她想到的一些问题是什么。老师不断地打断她让她坐下，她一直噼里啪啦地说，全场的家长都在大笑，但小女孩依然旁若无人地讲自己所了解的一切。

　　我非常震惊，我从来没见过一个七八岁的小孩能如此的融会贯通。她终于说完话坐下的时候，那个著名的老师也震惊了，他问在场的家长这个孩子是谁家的，并且示意，下课之后请家长一定带孩子来找他，他要收了这个小孩当学生。

　　那是我第一次见到，比琴棋书画更亮眼的思考能力，竟然是如此闪亮。

●职场里，你不是学生，老板也不是老师

••别人为什么要教你呀？

总有人问我："星姐，我从来都遇不到一个能够教我东西的好领导，每次出错都对我生气，可是你不教我，也要给我时间学习啊，我不可能天生什么都会啊！我想跳槽，但是又怕下一个公司也这样，怎么办呢？"

每次看到这样的，我都特别想说一句，别人凭什么要把自己几年的心得体会手把手教你呢？公司招你来是要一起工作出成果的，又不是开培训班的。付你工资还要负责手把手教你，想得太美了你。

为什么大部分人会这么想？因为习惯了学校里手把手教你，老师不翻页，学生也不会多自学一点点。所以等到毕业了上班了，还觉得应该是这样。领导说让你多学习，不是让你以学生的心态来学习，而是以员工的心态来做这件事。

什么是学生的心态呢？多半表现为：开会不敢发言，干活等待指导，成长等待老板教。可是现在行业发展这么快，老板自己都要学习行业新知识和新技能，怎么去教你呢？

很多小朋友觉得，我老板教不了我就不是好老板，跟老板学不到东西就要走。职场学习是一个好习惯，可学习得靠自己啊，尤其在一些新事物上自己可以先学，学好了往往还会受到重用，只有蠢员工才会抱怨并放弃自己手头的机会，还说公司不给他时间成长。

如果换位思考，假如现在你是一个领导，或者是一个创业小老板，你还会这么想吗？你是希望你的员工都有很强的自学和领悟能力，迅速上手帮助公司往前走，还是愿意派出一队人马先手把手教半年再上岗？

··你是哪种爱学习的职场人？

当然，职场也不能说完全没有培训，但手把手一对一的教学基本很少，除非你真遇到一个 Nice 的领导，把你当亲妹妹亲弟弟一样爱。大多数时候，职场所能提供的是集体性的培训机会，有的公司有兴趣小组可以进行团队学习等，可每一次培训，与同事讨论的机会，你都参加了都把握住了吗？而除此以外，全都靠自己偷学，自学。疯狂学习的行为，恐怕很少有人能做到吧。单就主动学习来讲，职场人可以分为三种。

人群一：想学习，但等着领导教，没人教就走。

高发人群：实习生和刚入职场的年轻人。

习惯了学校的手把手式教学，总觉得职场中必须你来教我，一段时间内学不到任何东西，就是公司太差，领导不力，同事自私。总而言之，公司再好再牛 ×，学不到任何知识，就是公司不好，我就不该继续待下去。

但对于刚毕业的你来讲，复印机旁边打废的很多纸都是很好的学习资源，公司电脑公共盘的文件夹你可以打开随便看。人要发挥主观能动性是高中政治就学过的道理了嘛。

人群二：积极参与公司培训，但也会日渐封闭。

你自以为的极限，只是别人的起点

高发人群：入职 2 年以上已经适应和熟悉职场，并对自己未来有一定规划的职场人。

这个阶段的职场人有强烈地提升自己的需求，也对自己的未来有比较明确的规划。因此会很积极地参与公司的所有培训，并且愿意抓住各种学习机会，比如参加兴趣小组、颁奖典礼、公司讲座等。

但本类人群的学习仅限于公司范围内，下班后便不会再找任何其他资源补充学习。会日渐封闭自我，职位越高，越发觉得自己很牛 ×，谁都不放在眼里，对领导不满意，那领导就是个屁。跳槽率很高，但在晋升到某一个较高的位置后，很可能就再难高升了。

其实我们中的大部分人都是如此情况。

人群三：上班下班都学习，资源不够自己找。

这类人可能是同事里面最不受待见，但领导蛮喜欢的人群。跟他们在一起要么就容易心生嫉妒，要么就被带着往前跑，每天着急忙慌的。这类人上班不落下一点学习机会，下班也会积极寻找资源去学习。建立高端人脉，上培训班，自己花钱听讲座，买书学习，与同行及跨领域的前辈交流，一副工作狂的样子。

在职场最容易遭受嫉妒的就是这群人，但也是他们最容易拔得头筹，受到重用。

曾在朋友圈里看到这样一段话：**工资是发给日常工作的人，高薪是发给承担责任的人，奖金是发给做出成绩的人，股权是分给能干忠诚的人，荣誉是颁给有理想抱负的人，辞退信将送给没结果还耍个性的人。市场没有四季，**

只有两季：努力就是旺季！不努力就是淡季！

听着跟传销似的，仔细想想，真的有道理啊。

••千万别跟领导说的一句话。

以前有同学私信问我："星姐，我今年要毕业了，我能不能去你公司跟你干，我想跟你学习。"或者"星姐，你要实习生吗？我不要钱，只要跟你学习就行。"

每次听到这种话，我都一阵心冒寒气。公司也不是我的，不是我说了算。就算是我的，你跟我学什么呢？我一没教人的耐心，二没教人的时间，关键是我也不是什么好鸟，我也在天天看书却还比不过同事呢，真怕你学不到什么还很失望。

职场就是这样现实的一个地方，不看过程，只问结果。况且，任何一个人在职场上都不足以成为老师，因为每个人的能力其实都是有限的，如果你话语里透露出的信息是你完全把对方当成一个老师，希望对方负起一个老师的责任，那你会发现对方所承担的压力是非常大的。因为对方根本没时间教你什么，又怕你失望。当有一天你发现他的能力并不能够让你满意的时候，你就会很失望，对方也会很难受。鉴于这种情况，那应该怎么说呢？

你可以说："不知道我能不能帮到你或者加入你的团队一起做事，我也会努力学习，争取能帮到大家更多。"这样听起来对方就没那么大的压力了嘛。

当然，如果你有幸找到了一个愿意手把手教你东西的领导，请好好地珍惜她/他。如果你没有这个运气，只有一个对你吆五喝六、凶巴巴的领导，那也不要觉得委屈，因为这才是社会的普遍现象。如果你足够聪明，你就要学会自学，从打印机里，从电脑公共盘的所有文件夹里，那里有足够多的资源让你学习。小到一个文件的字体、字号、行间距，大到一份方案、一份标书，都是职场需要关注的内容。

俗话说，跟着千万赚百万，跟着乞丐学要饭。偷着跟领导学，努力跟牛人学，明着在业余时间里学，坚持一年，你的进步和工作状态，会把自己都吓一大跳。到那时候，你才会深刻地体会到，学习，从来都是自己的事儿，跟别人一毛钱关系没有。

●只有一腔热血，根本没什么用

前段时间电脑被一个顽固性软件占用了很大内存，我自己卸载不下来，就去一个电脑维修店里找人帮忙。店里新来了一个男孩子，自告奋勇地跑来给我卸载。我有点担心，毕竟小孩很年轻，别给修得更坏了。但是男孩子特别热情，热血满满，做了无数个保证，表示没问题，也就让他修了。

过了一会儿，还没什么进展，于是小男孩跟我说："姐，我给你升级一下系统吧，用最新版。"

我说："可以，但我主要是要卸载一个顽固软件，这个软件太大了，让其他功能都受了很大影响。"

他说好，说升级后再卸载。

可是等到下午我去拿电脑的时候，竟然发现，顽固软件还在电脑里。

我问他："这个软件还没卸载呀。"

他说："哦，这个卸载不了，我不会。不过这个不影响，在就在吧，反正你也不用。"

当时我就有点愣了。但因为他年纪小，我也没说什么，心想升级了新系统之后应该好用一些了，就走了。等回家以后发现，新系统跟很多软件不兼容，很多软件打不开了。

嗯，我也忍了，有些软件也不常用，能忍。可又过了一段时间发现，图片也打不开了，链接也打不开了，都不兼容了，只有一个能打开，就是Word……

于是，我的电脑现在就只能打字用。本来是治聋子，现在变成了聋子＋哑巴。

朋友来帮我装系统，问我怎么弄的，我把这个糟心的故事告诉了她。朋友鄙视地看了我一眼："光有一腔热血，并没有什么用。"

是啊，我又何尝不知道呢，也不是没吃过亏。

以前招个实习生，因为我也年纪不大，又觉得来面试的孩子不容易，表忠心、表决心表得一套套的，眼泪都快出来了，感觉这机会不给他就会毁了他的一生。说好的一定好好学，说好的一定天天努力不会抱怨。等入职之后发现，热情和决心是一方面，能力是另外一回事了。即便这样，我还是给了他三四个月的机会，但他依然不在状态上，无法达到我要的工作水平。本来是替我分担工作，结果把我搞得更累了，甚至用支付宝给供应商付款转账这个事，都要我手把手教好几遍。

后来，再招人的时候，我再也不看所谓的表决心了，只看简历，要什么背景什么能力什么语言水平，一条一条框进去，招到的人反倒个个都优秀。

我觉得，我变得越来越冷漠，不相信热血，也不相信所谓的誓言。以前看别人的一封求职信都能感动，别人求求情，我就能心软。现在看都不想看直接找硬性规定的内容。周围的人跟我表决心，我听都不想听，除了结果，我什么都不想看。以前以为是自己长大了，心硬了，冷酷了，现在明白了，不是不相信了，而是明白了，只有一腔热血，根本没什么用，无论对别人，还是对自己。

很多人说，鸡汤文、励志文根本没用，都是扯淡，根本不会帮助自己成长进步。说得太对了，因为你只是打了一腔热血，但自己根本不行动。指望一篇文章里的故事，让自己成为人生大赢家，对不起，你关注的重点错了。

我特别喜欢读励志文章，比如名人传记，看看他们的人生遇到过怎样的困难，又是如何克服和度过困难期的。我更关注他们做事的过程，而不仅仅是一两条看似热血的语录；我更关注他们遇到困难时候如何思考和想办法，而不仅仅是他们成功那一刻的光环。

热血能用多久？也就是你年轻的时候吧，凭着年轻的脸和娇嫩的声音还有人多看你几眼。混迹社会越久，你会越来越多地发现，这个社会真冷漠啊！不管你说什么，如何的求爷爷告奶奶，都没人愿意给你一个机会，他们凭什么这么对你？你有过这种想法吗？

可这个社会本来就不该可怜谁啊。**热血和能力，并存当然好，并存不了就选择后者**。无论是求职，还是做任何事情，能力和结果，是所有成熟的成年人，要去赚钱养家的成年人，有理想抱负的成年人最在乎的事情。耍脾气，撒娇，求别人给你一个机会，只能让人觉得你一定特没本事，反而根本不想多看你一眼。

有人曾发信息问我："我35岁了，没有了年轻时候的热血，还能东山再起吗？"

热血，对于年轻人来讲，是一种年龄使然的东西，就像我七年前写的文章也充满了语录和口号，但成长过后，不是被社会磨平了棱角，而是对自己越来越多的笃定和认识，对自己越来越冷静，知道自己更加欠缺什么。在做计划的时候，从不会先大声嚷嚷出来，自己想要做什么，要做多大多牛，而是更关注具体怎么去做，去实践，去执行。当别人跟我描绘宏伟蓝图的时候，我更关心第一步要怎么做。

我觉得，人到 28 岁之后，需要的并不是热血，而是认清自己的能力与缺陷，把热血转化成行动的每一天。能够扬长避短，踏踏实实地做一些事，在增长学识的同时，赚到相应的报酬，才更加重要。

当然，人生不应该分段，热血是随时随地都需要的。我现在看到励志故事，热血语录，依然会心潮澎湃。但很快，热血会变成实践的动力，让我的目标更加清晰，行动力也更强。想要偷懒的时候，翻开那些热血故事看一看，转过头，继续努力工作。

一天天做梦，决定明天一定奋发图强，可第二天依旧没被闹钟叫醒，这样光有热血的日子，才会让人更加虚幻缥缈又充满戾气吧。

● 别把你的无能，归咎于父母对你无条件的爱

真是要惊呆我了。

我曾发了篇文章，题目叫《别让本该退休的父母再为你奋斗 20 年》。本身这篇文章的意思是想说，作为成年人，我们要尽可能地尽快独立，谈不上回报父母多少，但至少能不再啃老，不花光父母的养老钱。当然，父母特有实力愿意给钱的，那更好了，另当别论。

然后就出现了一种声音，总结起来意思就是：

"你以为我愿意花他们的钱吗？这还不是他们惯的，让我没本事自己赚钱？当然他们也愿意给我啊，这怎么能怪我呢？"

这个声音一个两个也就算了，结果是一大批。

我并不是不能理解这样不替父母考虑的想法，只是不能理解，你都二三十岁的人了，居然还能这么想，脸呢？

•• 有一天你当了父母，才知道什么是无条件的爱。

什么是父母无条件的爱？

我没孩子的时候，以为无条件的爱就是父母辛苦工作，中午回家哪怕只有半小时也要先给我做好饭，每顿饭都给我单独一个大鸡腿从不间断，自己都来不及吃饭就急匆匆去上班。

有了孩子以后，才知道无条件的爱就是明明知道这么爱是错的，但还是

会这么宠溺地爱；明明知道这样会惯坏他，但还是会不忍心让他因为不满意而哭一声。这个感受，只有有了自己的孩子才会懂。

没孩子的时候，会对别人家父母对孩子的无条件的爱各种鄙视，甚至大放厥词："你应该如何教育你孩子 blahblah。"有了自己的孩子才知道，孩子喝奶半天没打嗝儿自己都会担心很久，孩子睡得沉了都要用手试试呼吸是不是还在，生怕有什么闪失。

以前我努力工作赚钱，没什么目的，就是单纯地赚钱，喜欢赚钱而已。但遇到不喜欢的事情，我可以选择不做，可以选择放弃，可以撒娇不要这份工作这份钱了。但是有了孩子，不管有钱没钱，都会想着不喜欢不愿意再辛苦也要做，隐忍着自己内心的不痛快也要工作，并不是说孩子要花多少钱，而是希望能多给孩子一些，不管他用不用得上，我得有，得给他准备着。

年代不同，每一代人也不同，但对孩子无条件的爱，每一代都是相同的。如果你现在没孩子体会不了，那么把这段话发给你的父母问问看，从你出生的那一天起，他们对你的心情是如何的？

什么是无条件的爱？就是父母对孩子的爱，明知道没什么投资回报比，还是会爱得死去活来；明知道有一天可能养出一个白眼狼，但还是会选择努力不让自己遗憾，不给孩子缺爱。

这很伟大吗？不伟大，这是最基础的爱。

••反过来，你对父母也会无条件的爱吗？

泰国有个广告，讲的是一个离家出走的女孩，饿得不行走到了一家小餐馆门口，眼巴巴地想要点吃的。店主阿姨给了她一碗面，她对店主感恩戴德，极力表达感激，店主问她："我就给了你一碗面而已，你就觉得我对你好得不行，你想过你妈妈为你操了多少心，给了你多少爱吗？你怎么就不觉得你妈妈好呢？"原来，女孩的妈妈在找孩子的时候，路过了这家店，给了店主女孩的照片和一笔钱，并且告诉女店主，如果遇见这个离家出走的女孩，请给她一碗面吃，别让她饿着。

很多人跟我说："我的父母很烦很讨厌，不让我干这也不让我干那，挡着我成为人生大赢家的路。他们总用自己的观点来左右我的人生，我讨厌他们，该怎么办？"

说句不客气的话，**你要是个能干的，父母绝对不会挡着你，正因为你的父母没看出来你有什么天赋异禀的能力，所以才要保证你安全健康地活在他们身边，这是最基础的爱。**我以前也不懂，觉得父母家人都不理解我，都不相信我、不鼓励我，凭什么啊？后来我自己真的开始辛苦奋斗的时候，才知道，只有我做出点成绩，才能让别人相信我啊。作为一个上学12年都没咋学好的人，凭什么让父母无条件地相信你并鼓励你"上学学不好没关系，走进社会大熔炉你绝对是人生大赢家"，给你你自己信吗？

我有好几个妈妈群，每个妈妈群的特点都一样，孩子小的时候，天天都在谈论孩子的屎尿屁问题，不是妈妈的人看了觉得这群里的人都有病吧；当孩子大点的时候，就开始讨论你上了什么早教，我给孩子买了什么有营养的好吃的，她的孩子穿了什么好看衣裳，然后就想尽办法给自己孩子最好的。那些游乐场里周末陪孩子疯狂玩的父母，哪个不是刚结束一周辛苦工作的，

你自以为的极限，只是别人的起点

周末谁不想歇着睡大觉呢？但"为母则强"，累吗？累啊，但不觉得，感觉像上了发条一样。

有时候我们都会想，现在我们这么无条件地爱孩子，能爱几年呢？再过几年，孩子长大了，他还会理解我们的爱吗？还会跟我们亲亲抱抱复读机一样地喊"妈妈妈妈"吗？我们都知道，这样的日子就几年，甚至就一两年，并且一辈子都不复返了，可能到他们青春期了还会反过来气我们，但我们会因此而现在选择不管不爱他们吗？

当我们怪罪父母无条件的爱烦死我们的时候，我们能不能反过来给他们无条件的爱，烦死他们一下呢？就一下？有吗？

••别把你的无能，归咎于父母对你无条件的宠爱。

看了很多把自己的无能怪罪于父母爱自己太多，怪罪于父母教育不得当的评论，首先是觉得他们太不懂事了，但也能理解，毕竟自己没当父母，年纪还小，没法换位思考。但另一方面，我已经有了孩子，想到有一天要是我的孩子这么想我，我会难过死。

为什么呢？

在我看来，每个当父母的人，都想当个好父母，但每个人的认知和能力有限，没有父母是先当了教育家，再来生孩子的。可能你会说："那先学习一下怎么当父母再生我啊！这么匆忙当父母，太不负责任了。"

亲爱的，父母就是平凡普通的人，别对他们那么苛刻好吗？

有个网友评论说，他某次去父母工作的地方，才发现父母每天在工地干活儿是多么辛苦，自己哭得鼻涕眼泪一大把，回来就去兼职打工自己赚钱去了。时代不同了，上一个时代的父母，大部分人只会努力搬砖为你赚钱，别苛求他们在搬砖之余，还要勤学苦练教育学，避开我们成长的每一个雷区，不给我们心里留下一点点心理阴影和伤害。别说普通家境的家长做不到，就是豪门也很难做到。

话说回来，今天的你无能，没本事，赚不到钱，只能啃老，把罪责归给父母，公平吗？

父母从小给你叠被子，你就活该不会叠？

父母从小给你剥鸡蛋，你就活该不知道鸡蛋还有壳？

父母从小为你赚钱给你花，你就应该只会伸手要，不会自己赚吗？

那父母送你上学，老师教书育人了十几年，都喂狗了？

你这哪里是啃老啊，你这是农夫与蛇的故事，是诬陷啊！

说真的，只要父母还活着，都想着为你再奉献一点，再奉献一点，再奉献一点。所以那么多父母，都会退休后再就业，不服老的再找个工作继续干，无论家里有没有钱，无论孩子是不是人生大赢家，谁不想养花遛狗喂鸟呢？

别说他们老套；

别吐槽他们教育无能；

别埋怨他们脑子里都是你只有你；

别学了点文化知识，就拿"原生家庭伤害"六个字当罪行扣他们脑袋上。

我们要做的，其实仅仅是：

接受他们的好与不好，理解和接受他们的爱；

别把自己父母的不好，传给我们的下一代；

努力生活和工作，让自己成为更好的父母。

就足够了。

还是觉得不解气的话，那就想想，我们小时候他们一勺一勺喂我们吃饭，哄我们睡觉，给我们摇着扇子唱歌的这些看似最简单的事，有一天他们老到走不动了，不能很好地照顾自己的时候，我们能否对他们做一模一样的事情呢？

哪怕就一次。

●你要觉得亏，还是别结婚了

••我劝你，别结婚了。

小泽一大早打电话给我，声音特别低沉地跟我说："我跟男友估计要黄了。"

我赶忙问她为什么，不是马上就要结婚了吗？

"我们家那边的风俗是要 16 万彩礼，我男朋友家出不起，他们觉得太多了。我妈又一定要，说这时候不给，就是不重视我，以后我嫁过去就亏大发了。我问了周围很多人，大家都有彩礼，我都不好意思说我没有，这样嫁人我自己都觉得太亏了。"

小泽的男友家在一个四线城市，父母都是工薪阶层，过得并不富裕。前几年他们家供男孩上大学已经花了不少钱，近几年家里老人身体不好又花了很多钱，这显然让男孩家有了不小的压力。

彩礼这种事情，很难讲应该还是不应该。毕竟彩礼是一种风俗，有的地方很讲究，并且认为父母应该替孩子做准备，并且规定了一定的数额。但有的地方没那么明确，能给当然好，哪个父母都不愿意亏待孩子，但并不是每个家庭都过得殷实，孩子结婚时候恰好家里拿不出来一笔钱也不是不能理解。

"他家也不能给我们买房，我们要租房子，以后怎么办？彩礼都给不了，以后买房也不能支持我们。我不想让我的孩子出生在出租屋里，他们都这么不重视我，以后嫁过去岂不是更加没地位？"

"如果你真的是这么想的，那我劝你，别结婚了。"

••钱，不足以证明感情有多好。

曾看到一则新闻，一个穷小子花 130 元给女友买婚戒，被店员羞辱了。他的女友在网上发了一个帖子，吐槽了店员羞辱他们的事情，引起了网友的热烈回复。很多网友给他们回复，讲述自己廉价的戒指和美好的婚姻与爱情，鼓励她们坚守自己的爱情。

"戒指是在沃尔玛买的，当时看到就觉得好兴奋，其实只要 200 块……老公知道我是因为便宜才要的它，他说让我不要担心钱的事情，戒指一定要买贵的才行……但我说不是钱的事儿，戴着这个戒指我们结婚了，再过几个星期我们就在一起满 10 年，结婚满 3 年了。"

"我的结婚戒指，是我丈夫的父母结婚时候用的那只。据说是他爸爸在放学路上回去时候买给他妈妈的（高中就是情侣），那个年纪也只买得起便宜的了，然而那种怦然心动的感觉是后来的所有东西都没法替代的吧……后来的后来，戴在了我手上。"

"你的戒指和你的爱是最美丽的。我手上戴的，是我和丈夫在第一个共同度过的圣诞节那天，他买给我的礼物。我们在一起的时候 16 岁，现在我们一起度过了 20 个圣诞节，有了自己的孩子……这枚戒指，对我来说是我最重要的一件东西！"

在帖子的最后一段，作者写道："在过去，戒指作为结婚信物代表的是一种幸福。现在更多时候，我们把买多贵的戒指当成了一种竞争，似乎不够大不够贵，就不足以向别人证明感情有多好。可是一个戒指的价格，真的就能验证幸福与否吗?"

•• 单身的时候多努力点，为了结婚时让你爸妈不难受。

我有一个特别好的女同事，老公是农村的，而且是特别穷的那种。老公父母特别想表达自己的诚意，于是倾家荡产地拿了 2 万块钱给了同事。同事一看，根本不敢收，特别害怕自己收了让老公父母更加穷困。她一分钱没要，将婚礼推迟了一年，跟老公说好一起攒 10 万块钱，然后用他们自己挣的钱，假装男方家给的彩礼，给了女方父母，算是一个交代。

当然，女方父母并没有要这笔钱，还加了一些钱，当作嫁妆给了他们小两口。这件事算是圆满地解决了。

后来有一次吃饭，同事跟我说:"结婚以后我老公变得特别努力，他说一来是为了自己的小家庭，二来为了自己父母。自己如果单身时候多努力一点，自己赚多点钱，就不会让自己的父母倾家荡产地给彩礼。虽然，彩礼的事情解决得挺好，但老公的父母总觉得欠我的，心里一直不好受。他说他现在才知道，单身时候多努力点，就是为了父母能从容地生活在人群里，不难受，不自卑，不为任何事内疚。"

•• 被明码标价的爱情，能表示我爱你吗?

有句话说:"看一个男人多爱你，就看他是否舍得给你花钱。"当这句话被当作圣旨的时候，爱情开始被金钱来衡量，最重要的是，还是明码标价。虽然我很赞同这句话，但这一定是在对方力所能及的情况下，而非对方及对方的家庭都无力的状态下。

我认识一对情侣，只要女生看到任何东西表达了一点点喜欢，男生就会立刻不由分说地买下来，最后因为经济压力太大，男孩得了抑郁症，女孩也受不了这样的要强而离开了他。

我还认识一个女生，有一天去逛街，看上了一套有点贵的衣服，男友说便宜的那件更好看，于是她生气了很久，觉得男友是因为舍不得，并且觉得她不值得他花那么多钱买一件贵的衣服。

不少人都问过我关于彩礼的事情，其实很难讲，因为我更想知道，除了钱，你们有几分真的相爱和相互体恤？掏心掏肺的爱，不会因为几万块钱就鸡飞蛋打；互相算计和衡量的爱，才会随时随地地计算自己是不是亏了。

如果你觉得特别亏，就别结婚了。因为你今天算计着彩礼，明天就会计算谁为家庭付出得多，后天会算计孩子的特长班应该谁来掏钱，大后天，你该离婚了。

婚姻可以是一桩买卖，但别忘了，里面还有爱，哪怕只有一丁点。如果谈到钱就立刻色变了，那得好好想想爱到底有多少，爱到底在哪里。如果没有利益，你的爱还会不会在？

想明白，再结婚吧！

●老公说：我从来不会把你跟别的女人比

有天晚上跟老公去吃火锅，回来的路上我们手拉着手往前走。他跟我说："虽然我们在一起这么久了，但总觉得好像刚在一起一样。"

我说："虽然我们在一起这么久了，但每一个今天之前的日子，都好像被洗空的磁带，每一天我们都是刚开始。"

老公说："搞文字工作的就是不一样！"

真的，就是这样。

很多人说："星姐，你应该写写你跟你老公的故事。"

不是不写，是根本想不起来了。每一天过后，我的脑子就是一片空白。很多故事，很多细节，很多对话，就好像一片云一样飘走了。留下今天的他和我，珍惜眼前每一分钟的日子。

我不知道，你们有没有这种感觉。

怀着老大的时候，老公说不想有孩子，害怕有了孩子我就不把他放在心上了。

出了月子之后，老公说，就算再累，也不能因为孩子晚上要吃奶要哭要吵就跟我分开房间睡，就算很多家庭都这样，我们也不能这样。

有了老二之后，老公工作更忙更累了，但依然像以前一样，孩子一哼哼，就立刻清醒爬起来热奶然后递给我喂。

看过很多月子里或者有了孩子以后渐行渐远，甚至远到连亲情都没有了的夫妻，我一直觉得，遇到他，我用尽了上一个五年的所有运气。

有天晚上，女儿饿了哼哼唧唧，我坐起来抱着她安抚。儿子被吵醒后看了我一眼，爬到我身边，靠在我身上闭着眼睛。老公热奶回来进屋看到这一幕，说："你们简直太美了，就像一只鸟妈妈带着一群小鸟在窝里等着我叼虫子回来喂食。"

老公一直钟爱家庭氛围，就像我每次抱着女儿睡在他左边，儿子躺在自己的小床上睡在他右边，左拥右抱的他都会用暗夜里幽灵一样的声音，慢慢地说："谢谢你给了我这么幸福的生活。"

一个女人当了妈妈，最大的变化就是，孩子成了心里的第一位。老公经常为此鸣不平，虽然他也很爱孩子们，但他总把我放在他心里的第一位。他说："孩子第一我第二，以后要是养条狗，估计狗也排在我前面。"

生女儿的时候，因为剖腹产，医生问我们是否要用一些高档耗材，好是很好，但就是要另外付费。我觉得太贵了，有些不舍得，心想反正很多人没用也没什么不好啊。老公则毫不犹豫地跟医生说："用，多少钱都用。剖腹产一辈子就这一次，这是一辈子的事，再贵能有多贵？"

因为我对刀口非常介意，出院后总是跟医生联系咨询消除疤痕的药，逼得医生跟我说："你不要太紧张，你的刀口已经很完美了，过一年应该就没什么了。"后来我跟医生说："其实我并不紧张，我用了那么多药，现在已经好过我的预期了，只是我老公，每次看到想到这个刀口，都心疼得不得了，总觉得我因为他受了很多罪。"

有天我跟他说："要是我以后死在你前面了，你不许找别的老太太，否则我做鬼都不会放过你。"老公说："你放心，不会的，你要是死了，我估计也活不了太久了。"

女儿的脾气很暴躁，一点不满意就大哭大闹。

老公说："女儿脾气像你，儿子笑起来那个贼劲儿也像你。儿子善良随我，女儿好看随我。"我说："就是好的都随你，不好的都随我呗！"

老公说："你这辈子最大的不好就是嫁给了我，我最大的好就是娶了你。"

我跟老公说："每次我看到别的男人，都觉得他们不及你的百分之一，多看一眼的兴趣都没有。"

老公说："我就从来不会把你跟别的女人比。因为人比人，气死人。"

老公跟我说:"我决定了,以后叫儿子宝贝儿,叫女儿心肝儿!"我问:"那我呢?"老公说:"你就是个搅屎棍!"

上次老公出差回来说很想我。我说你想儿子吗?老公说一般吧。我说那你记得你还有个女儿吗?老公说:"呀,忘了!"
儿女双全有啥用,反正爹也不记得他们。

老公生病住院要喝小米粥,我提了一桶到医院,说:"你就对着桶喝吧!"
护工说:"这桶一倒糊一脸,你这姑娘也太糙了。"

老公跟我说:"你这个人啊,迷信,爱钱,贪婪,高冷,犀利,刻薄,老说实话,爱咋咋地,从不谦让。对你最受用的安慰语就是'你一定会发大财的'。我就喜欢你这人性赤裸裸显露的样子!"

有天晚上我梦见我有一对儿女,老大男孩叫米儿,老二女孩叫豆儿。醒来我跟老公说完,老公想了半天说:"你家是不是缺粮食?"

孩子出生前,我问老公,孩子出生后你准备干啥?老公说:"我的任务就是疼你。"
这个答案感人肺腑,却又十分抽象,我竟久久无言以对。

"老公，我年后准备学中医了，为家庭健康做贡献！你说我是从中医药理开始学好呢？还是从推拿针灸开始学好呢？"

老公说："你最好什么都不要学，就是对家庭最好的贡献。"

有次老公发烧，临睡前我跟他说半夜要是不舒服就叫醒我。半夜睡得正迷糊的时候，突然感觉老公翻身拍了我一下，我一激灵醒了，温柔而信誓旦旦地说："我在！"

深蓝色的夜，我默默地守着他，浪漫而静谧的氛围里，只听见老公清晰地说了一句话："别抢我被子。"

老公抱着女儿在屋子里边走边念诗。我听着好像不太顺，便问："你这上下句是一首诗吗？怎么那么别扭呢？"老公说："没关系，不管是不是一首诗里的，都是好诗！"

有天大半夜，老公说："一想到女儿的未来就很激动。她肯定跟你一样，叼个棒棒糖，趾高气扬的，神经兮兮的，横冲直撞的，看谁都瞪眼的样子！"我平时就这样？

有一种爱情，不是让人羡慕让人笑的，而是让人无语凝噎的。我想了想我和老公的感情，好像什么都不记得了，一切都像浑浊的水，分不清，道不明，只知道，只求对方在身边好好活着，至于活成什么样儿，都可以。

很多人问我：星姐，找到一个对的人是什么感觉？

我想，大概就是你遇到他之后，一切曾经在自己脑海里设立的条条框框就都消失了，曾经心里的爱恨情仇也都不记得了。即便眼前只有这一个人，你都不会有任何的放弃和动摇的念头，你比任何时候都坚定。

有一次抱着女儿坐着看动画片，一边看一边吃饼干，掉了女儿一头的饼干渣。以前抱着儿子看动画片的时候，常把他的头当盘子放橘子皮，回头看看老公，他正在给我的仓鼠换木屑喂好吃的。我想，这就是平凡而幸福的生活吧，用不着山无陵天地合冬雷震震夏雨雪，也不与君绝。

想想再过 20 年，我就是恶婆婆和极品丈母娘了，也是挺期待的。

谨以此文送给老公，感谢你让我明白"人世间每一次相遇都是久别重逢"的含义，并由衷期待我们将共同走过的所有幸福时光。

谨以此文献给每一个你，无论此时此刻你在哪里，还没恋，正在恋，刚结婚，刚生孩子，正在吵架或分手，甚至离婚。你要相信，人生的每一刻都不会重来，我们每一个人的一生，都一定会遇到一个值得你用力去抱紧的人。

祝我们所有人，一生美好又幸福。